U0336523

自 然 観 察 入 門（草 木 虫 魚 と の つ き あ い）

自然观察入门

▶ 认识花鸟虫鱼 ◀

后浪出版公司

[日] 日浦勇 —— 著

张小蜂 —— 译

四川文艺出版社

目　录

引言

春之伊始

当孩子们开始外出活动时，春天也就到来了。女孩子们已经等得不耐烦，挎着自己喜欢的手提包在电车里开心地聊天；男孩子们则骑着自行车穿过巷子到桥对面，在临村那间有点破旧的土库房门前，顺着U形路掉个头又往家骑去……对于这些像汤姆·索亚一样爱冒险的孩子们，哪怕是脱离一小点儿日常生活路线的活动，也足以让他们感觉从校服和考试中解放出来了。

新学期在樱花开放的时节里拉开序幕，刚开学的几天，因为能认识新同学和新老师，还有新课本，让人有种与完全不同于现在的世界约会的心境。

可是，随着春天里新长出的树叶慢慢变大，这种新鲜劲儿还没继续激发多久，便又回归以往，被无聊的规定以及学业的束缚所替代。

在日本，企业新财年和学校新学期都是从每年 4 月开始，3 月则是上一个年度的结束。所以不仅仅是孩子，大人也一样开始忙碌起来了。这就像是自然中一年四季的变化，新学期的开始伴随着春天的花开和萌芽，景色也发生着变化。即使我们生活在人类文明发达的大城市里，从事着第二或第三产业的工作，温带季节的演替以及心理的节律仍然与我们的身体感受紧密联系在一起。寒冷的正月里，我们在贺年卡上写下"今年一定如何如何"这样表决心的字句，这也多半是出于人情世故，然而当我们不由自主地要开始迎接春天的时候，便是我们自身的一种本能在起作用了。如果你有一种从乏味的生活或者过去的身体中跳跃出来的冲动，那么不要忽视，一定要好好培养它。问题是，大家都不知道牵出我们这种生理冲动的引线到底在哪里。

比如说，好不容易到了黄金周①，结果到处都是人。我们把太多的钱都花在了车费、饮料或者娱乐设施上，又或是参加一些百般无聊的娱乐活动。孩子们一定不想只待在家里看电视，看到衣服也忘了脱就睡着。作为父母肯定也不能总做这些没想法的事儿。所以，如果有时间的话，还是同孩子们一起活动，来充实一下吧。

另外，随着孩子年龄的增长，家长们可支配的时间也逐渐多了起来。当你想去学习园艺的时候，要么家里没有庭院，要么培训班已经满员，

---

① 日本的黄金周在 4 月底至 5 月初。——编者注

可又不想学插花和茶道这些老套的东西。真是想试着敞开心怀去随心所欲地学点什么，难道就没有学习轻松又能开阔视野的东西吗？我想，肯定很多年过半百的妈妈都想过这种问题吧。

也一定有很多贴心的父亲，他们想在休息的时间里去钓鱼或赏杜鹃，可这些都只是个人的爱好，所以并不适合与家人一起享受乐趣。

现在，我推荐这些家长偕同家人去观察自然。很多人从最开始晃晃荡荡半个小时敷衍了事，到拿着盒饭在外面玩一整天都不想回来。既不用购买什么昂贵的书籍或装备，也不需要花太多时间记东西。一边欣赏美丽的风景，一边聆听构成这美丽风景的花草水土，还有蝴蝶和鱼儿们讲的故事吧。不管是自己一个人、两口子或是一家人，都能享受到自然观察的乐趣。自然观察就是那根引线，它帮助你解开你脑子里那一个个问号，是带你找到答案的引路人，而这也是我写这本书的目的。

一说到自然，我们只能想到动物和植物，实际上，它是由多元的物质组成的。我们的地球上，有土壤、岩石、水、空气、树林、小草、苔藓、虫子和鸟兽等许多元素，仅凭我一个人很难全面掌握这些知识，更何况，如果要把这些做成一本引导人们学习自然观察的指南的话，那责任实在是太重大了。因为我在乡下长大，所以很喜欢虫子一类的小动物，我的学习也是从昆虫学开始的。之后，我的兴趣不断扩大到虫子们吃的草，还有它栖息环境的地形，以及能够从中知晓它们历史的化石，以至于经常被人问到"你到底是什么专业的"而无言以对。幸好我在一家比较小的自然科学博物馆工作的时候，从不同专业的同事们那里学到不少知识。

除了将这种个人体验化为动力，或许也别无他法了吧。其实不含蓄地说，相比专家写的那些入门指南，家门口小孩子的那些画板有时反倒更容易读懂呢。虽然是这么说，但是对于一些自己也没有见过的东西，我也不敢乱讲。所以本书所涉及的范围也偏向于本人的亲身经历。比如，虽然我能听出鸟的叫声，但是没有练习过用双筒望远镜去观察，所以也缺乏和鸟儿打交道的那种快乐。另一方面，由于我从小生活在大山里，对于海洋的了解非常少，所以我还是很想体验一下赶海的那种乐趣呢。因而本书中出场更多的是昆虫，还请读者多多包涵。

作为读者，想象一下每天在城市里工作的人和他们的家庭，对于从事农业或渔业的人来说，这也许不太容易理解。而且，也并不是说这本书对全日本都适用，内容所涉及限定在太平洋一带，尽可能包括从关东地区到北九州这些工业化程度非常高的区域，这也是由于生态地理的制约。但是，日本近三分之二的人都居住于此，所以想必也会让不少人从中获益吧。（参照图 25）

每个章节多少有些冗长，这一方面是因为我本身有说教癖，喜欢长篇大论。另一方面，知识不光是从别人那里学习，在自己不断的深入自学中收获到的那种快乐更是精髓。自然观察也不例外，爱好者们总是努力使自己从一无所知提高到对现象的原理有所了解，但书毕竟是读物，我也不可能拿着一只蝴蝶跟你面对面交流，所以也只能多说几句，尽可能地让大家理解。

虽说各种出版物如浪潮般涌现在书店的书架上，却很难买到自己想要的书。很多读者可能在阅读本书的时候想对某个知识点有更深入的了解，所以为了满足读者这个需求，我会推荐一些既便宜又相对容易买到的新书或文库本 ①。

本书在每个章节后都有小贴士，以方便在举办一些儿童会或兴趣小组活动时，组织者查阅那些需要注意的事项。同样，不管是作为个人还是家庭，又或是集体活动，本书适用于不同的参与对象。

本书遵循四季时序，采用从春天到冬天这样的叙事顺序，在很多主题和素材上难以抉择，希望读者根据个人的实际情况在本书的章节顺序与内容上自行取舍。

---

① 小型平装书。——译者注（书中脚注，若非特殊说明，皆为译者注。）

推荐地图

我们都知道，如果想要做什么快乐的事情的话，不管是打高尔夫、钓鱼、园艺，还是旅行游玩，都必须花钱，凡是有欲望的就一定有想狠赚一笔的人正在严阵以待。无论是电视、报纸、车厢广告，还是电子邮件，都拼命用各种手段想方设法掏空人们口袋里的银子。以学习为名义的类似推销更是多得不得了，比如百科辞典的推销员按下你家门铃，建议你买附带三年考题的英语磁带，帮助还在上中学的孩子升学。至于被推销者，大多数还是抱着"花一点儿钱可以安心地走上正轨"的想法。这都是已经定式化的人们的必选之路。

我们还是要区别使用"学习"和"学问"两个词。散步的学问——如果你立志成为一名自然观察者，从某种意义上说就是你决心让自己从这种定式化中脱离出来，也就是首先要拒绝这种依靠金钱通过某些办法把自己装进模具的机械化操作。本书也希望探寻一种只需要我们自身以及家里的日常用品就能掌握学问的方法。

虽然并不需要昂贵的图鉴或专业的显微镜，但像地图这样基本的工具还是必需的。如果手头还没有地图也不要太着急，但为了更快地掌握更多的学问，还是尽早准备一份为好。

在书店就可以买到我们需要的地图了。通常在书店入口处会陈列着交通地图、城市地图、行政地图及旅游地图等各式各样的地图。这些地图各自用于某个较为特定的环境或目的，地图中的一些信息或多或少进行了修饰或调整，并不适用于自然观察。我们要购买一份由日本国土地理院发行的日本国地形图。

不过并不是所有书店都有卖，一般都要去市中心的一些比较大的书店购买。如果不太清楚，可以先电话询问一下是否有国土地理院发行的地形图。有时，说"陆测地图"也许更能让对方明白陆测是指陆地测量部，这部地图曾由旧日本帝国陆军制作。书店里专门卖地图的区域通常会摆着五六种不同的地图，有 1∶200000、1∶50000、1∶25000 及 1∶10000 这几种不同比例尺，我们买 1∶25000 的那种（如果没有就买 1∶50000 的）。书架前通常都会有"日本建设省国土地理院发行地图一览图"的塑料板指引你购买不同的地图。每个比例尺下都会有一张日本地图，上面用方格划分出各个区域并标明了对应名称，通过这个你可以看看哪个地图能标示出你家的位置，弄清这些之后再在书架上进一步寻找。①

如果你家恰好处于地图的边缘或一角就没办法了，那样的话你可以试着买邻近周围的地图。地图的价格从 130 日元（两色印）到 140 日元（三色印）（1975 年的价格）不等。看着有点儿小贵，可是跟其他出版物

① 这一段的背景为 70 年代的日本，可能不适用于当下。——编者注

比起来已经是超便宜的了。当然啦，要是想把花的这钱赚回来，那就必须要掌握准确使用这张地图的本事了。本书也会以此为目的，不断引导大家学会地图的使用方法。你越想学习，就越能从地图里学到更多知识，这也是学习的有趣之处。

地图买回来后，先找到自己家的位置作个标记。接着，你试着用红笔把上班路线（从家到车站）和购物路线（从家到超市）都描出来，还有家里孩子们上学的路线、到朋友家的路线，等等，都可以试着描出来。你会发现，我们平时走的路、看到的自然和风景，都局限在如此狭窄的范围内，我们的生活圈原来只是地球表面上这一小点儿的区域。试着脱离这个红线描绘的路线——开始自然观察。

顺着田间小道一直往南走，在十字路口向不同于平时常走的方向转弯，马上就见到与平时所见不同的风景，还有不同的花，简直就是一片未知世界！一片未知的大地就在我们平常生活的地方周围蔓延着，可是我们对于它竟然一无所知，我们每天就只是吃饭、睡觉、工作，这样劳累地死去？试着大声说出“未知世界”吧，接下来，把今天走的这些不认识的小路，依照路上看到的标志物，全部在地图上用红笔标记出来吧。

也许你还不知道怎么看地图呢。在右侧的栏外会有图示说明，对着这些说明把地图上的每一个图示都了解一下。其实按照地图沿路到达目的地的方法真的是非常简单，在后面的各章节里将逐一介绍。

孩子们也从中学开始对地图产生兴趣，所以一张好地图不仅可以满足孩子们对于知识的好奇心，也能驱使他们去探索和学到更多东西。

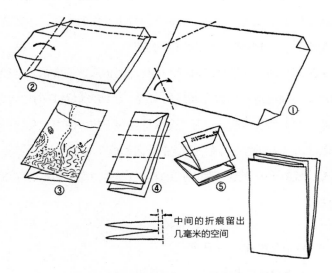

图1　地图的收纳方法。右下是最普通的方法

随着你徒步和旅行的次数不断增多，购买的地图的数量也会不断增加。每次用完的地图胡乱折起来不仅杂乱，而且整理时也很头疼，所以自己先要决定一个统一的折叠方法，以便于地图的收纳管理。不过，要说既方便携带收取，又能减少折损，还能方便阅读的地图收纳法，那还真是挺难找的。一般最常见的是如图1右下所示的八折法，印有地图的

一面被折在里面，而且也不重叠，就像一个屏风。

这种折法最后地图还是会比较大，不管是放口袋里还是塞进腰包里都非常困难，而且地图正中的大折痕露在外面，很容易受到磨损。这里有一种先将右侧图示说明栏往里折，剩下的再折八次的方法，地图的名字会显露在外面，方便从多种地图里取出使用。

同样，还有把四边外栏都向内折，再将地图折八次的方法。这种折法，因为地图的细框边都标着等高线的高度、经纬度以及目的地线路，查看的时候会看不到这些信息，而且多次折叠留下的折痕很容易造成这些信息难以辨认，所以也有人将细框这部分向外折8毫米。

在这里，我给大家介绍一种陆军士官学校学生做军事演习时使用的折地图方法：

（1）四个角向内45度角折叠；

（2）再将四边向内侧折；

（3）将图版一面朝外，然后纵向对折；

（4）将图版一面向内再纵向对折一次，为了避免第一次对折的折痕暴露在外面容易磨损，稍稍多折一点儿，使步骤3的折痕盖在里面；

（5）横向折成三段；

（6）在翻折的边框处写上地图的名字以方便查找，也可以直接将印有地图名的那块儿剪下来贴在此处。

这种折叠方法中，四边由于折叠了一次而增加了硬度，也比较小巧，边长是一个11～12厘米（相当于比例尺为1∶25000的地图中的3公里）的正方形，非常便于收纳整理。不过，有的地图左侧栏外的空白处非常窄，这个折叠法就不太适合了。

这样，今后地图多了的话也可以把它们放在盒子里，像卡片一样立在一起，方便你使用。

第一章　春野之花

识花认草

　　一听到 3 月的声音，野花就要开始绽放了。上班或是出门购物的路上，无论在向阳一侧的路边，还是车站月台的角落，都能一眼看到直径仅仅 5 毫米却有着鲜艳色彩的小蓝花，在这适宜的时间里向你传达着强烈的信息："春天来了。"你一定会歪着脑袋问道："这是什么花儿呀？"

　　这种蓝色的小花儿叫婆婆纳，准确地说，是阿拉伯婆婆纳。虽然说繁缕比婆婆纳开花更早，但繁缕那小而素白色的花实在太不起眼了。

　　我想大家都知道蒲公英或者紫云英，但一定有很多人听到繁缕这样的名字就觉得奇怪，甚至还有人根本就没有听说过阿拉伯婆婆纳。我们习惯将它们都叫作"无名草"，但其实开满春野的每种花草都有属于自己的名字。

　　认识它们的名字，是进行自然观察的第一步，否则大自然就会与我们疏远，也不会再给我们讲那些具有深奥意义的故事了。

　　哪怕想认识一些身边的野花野草，能够依赖的工具也只有植物图鉴这类书了，但是这类图鉴对于初学者来说并不容易掌握。虽说可以很轻易地把野外遇见的野花野草与图鉴中各种色彩鲜艳的图片作对比，但当你真的翻开一页去对比图片，尝试找到它们的名字的时候，你就会发现上面列出的类似植物太多了，对于看到的植物到底是哪个种类、名字叫什么，你也会怀疑自己的判断。当你发现用不同的图鉴都鉴定不出来具体名字的时候，你的挫败感会不断加强，直到想要放弃。

　　这类图鉴对于想检索名字的初学者并不会有太多帮助。首先我认为，它们在植物种类的选择上有些模糊不清。在日本，从北海道一直到九州，即使将苔藓和蕨类这些低等植物排除在外，也有近 4 000 种植物，想要将它们全部收罗进去，对于一本初级的图鉴来说是不可能的事情，顶多也就 500 ～ 1 000 种。由于受到这样的限制，这些图鉴的作者会想在书里收录各种各样能够代表日本的植物，比如长在鄂霍次克海边的盐角草，又或是生长在阿尔卑斯高山地带的驹草。对于初学者来说，如果看一眼图片就能分清盐角草和驹草，那他们也不可能不知道身边的花草叫什么了，所以还不如列举繁缕和紫云英这些身边常见的植物。所以说，如果不考虑适合植物生长的地理环境，刚开始学习自然观察就分散注意力去认识那些平时很难见到的植物，最后也只是浪费时间，越来越疲累，无心再去学习观察了。

季节也是很重要的。几乎没什么花儿一整年都开着。植物开花是有不同季节的，春天的花肯定不在秋天开。如果将不同季节开花的植物都收录到各自的图鉴中，而且尽量避免收录那些深山峡谷或者偏远地区分布的种类的话，查阅它们的名字一定会更加容易。但是不知道为什么，一直没有这种方便初学者使用的图鉴出版。

其次，书中经常出现一些难以理解的专业术语，使读者把时间浪费在查考这些术语上，譬如什么羽状复叶啊、伞房花序啊，又或是子房下位、披针形、花被片，还有托叶，等等。

再次，很多图鉴都没有告诉读者检索的顺序和方法，大部分人习惯依据自己看到的植物外观，通过直观感受来认定相对应的图片和种类，这种"看图认花儿"的方法让初学者慢慢习惯于凭感官直觉来判断种类。这在识别一些动物上可能还奏效，尤其是不少昆虫爱好者习惯记下昆虫图鉴里一些种类的特征，然后就能快速识别出野外所见昆虫的名字（这些会在本书第三章"河流中的生灵们"详细讲到），但是这在植物领域并不适用。

我自己不是植物分类专家，对于植物分类也算是个门外汉，平日喜欢向各种人耐心地请教一些问题，譬如从家门口的小孩儿那里打听一下，或者他会有比专家更通俗易懂的方法呢。在卷尾（表 A 至表 E），我试着列了一些供初学者使用的小秘诀，这是我将濑户刚[①]先生的诀窍加上我自己的经验而自创的一些入门方法。

一些说明

对于作为初学者的我们，在识花认草的小秘诀方面，有些重要的说明应当提前作个交代。

（1）本章所讲的植物种类限定于北起关东平原，西至九州中部的平地和低洼地区的温带植物，也就是我们所讲的太平洋工业带（日本太平洋工业带，从日本茨城县至福冈、大分县），所以不适用于北海道及琉球地区。

（2）文中介绍的植物种类都是一些生长在乡村周边的空地、路边、堤坝、河滩、田地及田埂上的，也就是生长在村庄周边的喜阳植物，不包括生长在深山、森林以及竹林等区域的植物。当然，我们经常在庭院种植的园艺观赏花卉及树木，以及农民伯伯种在田里的农作物等也不在这个范围内。基本上排除了木本及藤本植物，不过你可不要小瞧，把以上这些植物都除去，本章所介绍的植物也有近 60 种常见种类，从第一课开始就会有一些让你抓狂的植物种类出现呢。

———————————————

① 濑户刚（1945 —　　），日本雕刻家。

（3）文中所介绍的植物都在早春至 5 月上旬开花，也就是我们一般所说的黄金周结束前的这段时间。

了解了上面的三个前提后，现在让我们开始吧。首先，不需要任何工具，你只要专注用眼睛去观察，以及带着这本小册子就好啦。最重要的是，要对自己下定决心：从这次散步开始，努力让自己变成一名自然观察者！当你下定这一决心的时候，要记得在出门时大声对自己说："出去散步啦！"这时家里无所事事的孩子们一定会觉得有什么好玩的事情，就跟着你一起去开始自然观察啦。

花和叶——基础知识

图 2 是我女儿在 6 岁时画的一朵小花儿。画中的植物，在太阳公公的照耀下立在那里，顶尖儿上开了一朵小花儿，两片叶子长在底部，隔茎相对。这幅画上的内容恐怕也是印在我们脑海里对于花草的最初印象了吧。很多年轻的妈妈在给自己女儿衬衫领子贴布花儿的时候，如果手头刚巧没有可以对照的花草，也都会贴出如这幅画中那样的布花。如果非要在野花中找到类似花朵的原型，那一定是蒲公英了。不过当孩子开始上幼儿园之后，她画出的花儿又会像图 2 左边这个样子。这是因为幼

图 2　女儿画的花

儿园里都会种着郁金香，它的花朵就类似这种杯子状。

　　其实在这张画上，除了根部因为长在土里我们看不到之外，植物的三大器官都已具备了：花、茎和叶。但在野外实际观察的时候，你绝对看不到这种样子的花草。首先，在野外看到的花草不仅花儿没有这么大，而且也未必都是长在一根直直的茎的尖上。花草既有这种直直向上长着的茎，也有横着匍匐在地面生长的茎，甚至有些你都分不清到底哪里才算是它的茎。除了茎之外，还有叶子。有的叶子会从茎的中部长出来，不像图中这种一定从根部长出，有些叶子的边缘就像锯齿一样，还有些叶子长得让你都分不清到底从哪里到哪里才算是一枚叶子。这些都会让你疑惑不已。

　　我们通过仔细观察植物的花、茎、叶这三个部分的特征来认识它们，但这三个部分中最重要的当属花了。我 20 多岁去博物馆工作的时候，才认识到区别植物的一个最重要的法则——通过花来练习鉴定植物种类。当时我连这一点都不知道就已经在高中教了几年生物学了，现在想想真是无地自容。其实即使是植物学家，想要识别一种没有花儿的植物也是非常困难的。那么，为什么花儿对于区分植物种类这么重要？别急，现在开始，就让我们先撇开那些没开花的，一步一步听我讲解，进一步提高识花认草的能力吧。

花

我们都知道，花是由花萼、花瓣、雄蕊及雌蕊 4 个部分组成的。考虑到花蕊过于细小不易观察，我们还是先学习识别花萼和花瓣吧。

先将一朵花拿在手中，左右上下地边旋转边仔细观察它的各个部位，也可以将花瓣揪下来观察。我们将花分为以下 5 种类型：

A. 蔷薇—油菜花型

每片花瓣的形状都差不多一样。试着将花瓣揪下来，可以发现每片都是分开的，这些花瓣以花蕊为中心围成一个圆形生长，呈放射状，我们称这种花为离瓣花。

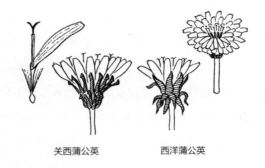

关西蒲公英　　　　　西洋蒲公英

图 3　蒲公英的花

左 筒状花
右 头状花序（所有小花的集合）
中 画斜线的部分是总苞（本土物种关西蒲公英的总苞端部有坚硬的角质部分，所以花
萼向上竖立起来，而西洋蒲公英的花萼则下垂）

B. 豌豆—堇菜花型

这种花的花瓣虽然也是分开的，但是有形状不同的花瓣夹杂其中，整体呈半对折半展开的形态（左右对称），看起来就像翩翩起舞的蝴蝶，因而被叫作蝶形花。

C. 牵牛花—杜鹃花型

花瓣的底部紧紧贴合在一起，围着一个筒形或是像剪纸星星一样的形状，称为合瓣花。

D. 蒲公英—菊花型

如图 3 右所示，蒲公英的花由好几十片花瓣组成。如果将每片花瓣揪下来看，会发现就像离瓣花一样，每片花瓣都是彼此分离的。但是，仔细观察就能看出，每片花瓣的根部都变得细长，形成一个筒形，从这个筒形的中间长出像花蕊一样的东西（图3左）。因为蒲公英的花都太小了，大家可以试着去观察庭院中经常栽培的日本裸菀或滨菊，能看到花中央黄色的像包子一样的部分被花瓣紧紧围住。将一枚花瓣小心地摘下，可以发现这实际上是一朵细长的合瓣花。

也就是说，我们看到的每一枚花瓣，实际上都是单独的一朵小花。而我们一般所认为的蒲公英和雏菊的"花"实际上就是由很多小花组成的，这些小花我们称为伪花，而这一整朵花则称为头状花序。日本裸菀、滨菊这些菊科植物是合瓣花中比较特殊的一类，它们的花序看着像离瓣花却不是离瓣花，而是由很多合瓣花构成的头状花序。如果你的眼力比较好，可以发现头状花中间那个黄色的包子状的部分，实际上也是由许多紧紧挤在一起的筒状花构成的。

在这类花中，相当于普通离瓣花的花萼的部分，有许多爪形或鳞片状的东西层层包裹着花序的根部，植物学家称其为总苞（图3中），这也是菊科植物的特征。

E. 水稻型

我们可以在头脑中想象一下水稻和狗尾草上那疙疙瘩瘩的穗，有时候我们看不到花瓣应有的鲜艳色彩，分不清到底哪个才是花瓣，但实际上，这些穗就是很多花的集合，而那些疙疙瘩瘩的东西就是它们的一朵朵花。这跟图2中我女儿画的那种我们一般印象中的花儿简直是大相径庭。

学习了上面5种野花的构造类型后，我们现在就可以试着将见到的野花大致分一下类了，然后再利用我们之后将学习到的一些其他特征进一步细分。

叶

一说到叶子的形状，我们肯定会想到图4右上角那种样子吧，其实叶子的形状也不是那么容易辨别的。庭院中的栎树、山茶、茶梅、桂花

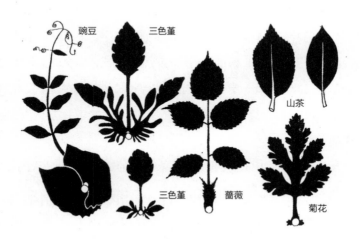

图4　形态各异的叶。所有的都是一片完整的叶

的叶子虽然很像我们认知中那种普通的叶子的形状，但它们有锯齿状的边缘。再看看图中菊花的叶子，有很深的向里凹的裂口，边缘又都有浅浅的锯齿状裂缝，形状错综复杂，但直观上还是不失为一片叶子。那么三色堇呢？三色堇的叶子就是图中所示的样子，从茎的一节上长出，这到底是三片还是更多片呢？实际上它只是一片叶子啦。

还是让我们先看看蔷薇的叶子吧。它的叶子就像图中画的一样，从茎的节上长出来，一片叶子长在叶柄的尖儿上，还有 1 ~ 2 对叶子在叶柄中间对着长出来，加起来就是 3 片或者 5 片叶子，每片叶子的形状也都差不多。在靠近茎的部位有一个像耳朵似的突起，这个突起到底是什么呢？它是叶子吗？

三叶草的叶子又是什么样的呢？就像它的名字，一般三叶草的叶子都是由三片心形构成的，但也有例外的四片的情况，据说如果你找到了四片叶子的三叶草，就一定会有幸运到来。长长的叶柄在与茎接合的部位有两枚近似茶色或紫色的耳朵一样的突起，新生叶子的这个突起会紧紧贴在茎上。

香豌豆和豌豆的叶子就更复杂啦：在茎节的部分长出两枚大的叶子，这两片叶子重叠长着，尖儿的一端还长出很多卷卷的须子。

像图中所示三色堇、蔷薇和豌豆这样的叶子，它们都只算一片叶子，可以把我们一般所认为的"叶子"当作构成这些植物一整片叶子的一个小部件（当然三叶草也是这样），这些小部件称为小叶。也就是说，四片叶子的三叶草在科学分类上只被视为一片拥有四枚小叶的变种叶子。同样，叶子从茎部分出的部分——刚刚说到的那个像耳朵一样的突起，我们称之为托叶。叶子就是由小叶、叶柄以及托叶构成的。

那么，为什么把它们都看作一片叶子呢？我们都知道专家喜欢对新手讲些复杂理论以显摆他的能力，但往往不过是说大话罢了，所以现在我还是拿我们自己的身体来举例解释一下吧。我们的手由五根手指和手掌组成，手长在手腕上。那么，我们不能把手指叫作手，同样也不能把手掌叫作手。这么一说，你是不是就明白了？这就是一个整体和部分的关系，也就是叶和小叶的关系。

植物的体内遍布着输送水分及养分的管道，这些管道为了通过植物的茎向叶片输送水分及养分而分支的部分叫作节。我们把从节的位置长出来的叶子，无论它的形状结构简单也好复杂也好，统统称为一片叶子，也就是说以叶为单位进行比较的话，也会由于形态的差异而有不同的种类。

水稻、小麦，还有芒草，这些禾本科的植物叶子，不仅是从茎部分出的随风摇摆的那部分、紧紧包着茎部、如同茎的一部分的，也属于叶子。（叶鞘，参照表 E 左）

多啰唆两句，最近随着人造花技术的发展，不管是从香港进口来的插花，还是插花设计教室制作的人造花，虽说跟真花极其相似，但多少

还是让人觉得有点假，比如叶子因为忽视了托叶这个结构，就没有那么
栩栩如生。

茎

　　茎的截面是圆的，还是四边形？是直立生长，还是匍匐地面？这些
也是判断植物种类的关键因素。而且更重要的是叶子的着生方式。每一
节只长出一片叶子，每节叶子向着不同方向生长的叫互生；从一节位置
对着生长两片形状一样的叶子的叫作对生；从一节位置长出三片以上叶
子的叫作轮生。在这些着生方式中，还有些植物同一根茎上近根的位置
叶子是对生，而在茎尖儿的位置则是互生。

　　注意一下叶子从节分出的部分，那里长有腋芽，腋芽长大就变成了
新的枝条，枝条不断地生长就变成了茎。反过来也就是说，新枝从母枝
上长出来形成分叉，只要是着生于这个分叉处的都是一片完整的叶子，
我们可以通过腋芽来推断贴着茎节长出的是一片叶子还是小叶（图5）。

　　也有植物只是从靠近根的位置长出很多叶子，而茎的中部却不长叶
子，比如蒲公英和车前草。这种情况是由于接近地面的部位节与节的间
隔极度缩短，是基生叶的一种表现。很多情况下会出现从根部长出的基
生叶与茎尖儿长出的叶子形状不同的植物。另外，叶子的形状也会由于
植株的差异而产生差别。所以想通过叶子形态来辨别植物种类的话，必

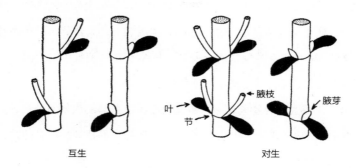

互生　　　　　　　　　　　　　　　　对生

图5　叶的着生方式。腋芽伸长后就变成了腋枝

须多去观察各种叶子，提高鉴别能力。

　　以上这些都是识花认草最基础的知识。有了这些基础知识，现在就让我们开始实战吧！

实战

　　当我们遇到正在开花的野草时，小心地把它从根部掐下来。当然如果你觉得将它掐下来很可惜，或者觉得这种破坏自然的感觉不太好的话，也可以趴在那里观察。

　　我们先看花。试着将花瓣拔下来，有时候花托的部分立着爪状的花萼，那么就要先把花萼拔离。如果花瓣是一片一片分开的话，请根据书末的表 A 检索；如果是形状不同的花瓣重叠在一起构成的蝶形花，请查阅表 B；如果花瓣紧紧贴合在一起的话请看表 C；蒲公英型的花序看表 D；分不清哪个是花的穗状请看表 E。表 A 至表 E 图解中的上部分是花和果实的特征，下部分是茎和叶等营养器官的特征。

按花的颜色、花瓣和花萼的数量及形状、茎部的横截面形状、叶子的着生方式和形状等一项一项进行确认，如果全部特征都符合的话，从倒数第二行就能知道植物的名字了。

沿着这个顺序去查找一种生物的名字在科学上叫作物种鉴定。用比较时髦的话讲就是，路边那不知名的小草正是因为与你相遇才知道了自己的名字。

翻开图鉴，凭着整体的印象去推测这是哪种植物——这可不叫鉴定，不过是简单的对图而已。

借助书末的图表，理解力强的人散步一小时也许就能认识将近 10 种野花。但是，即使没有找到多少种类的野花，或是没有分清它们到底是什么，也用不着垂头丧气。最开始你也许注意不到那些不同野花的区别。等到对不同种类间的区别越来越了解，在相同的小路散步时你就会注意到有很多种类的野花，这是由我们大脑和眼睛的构造形成的认知过程。

从我自身的经验来看，去年在家门口没有注意到的野花今年就注意到了，这就是眼力逐渐变好了。看来，"心不在焉，视亦不见"还真是有道理，所以下次再出门散步的时候，一定要试着多去注意观察一下。

在一个季节里能够看到 40 种野花已经很好啦。如果你想亲眼见到表 A 至表 E 里所有的近 60 种野花的话，恐怕要花上 3 年的时间（对于老手当然另当别论）。如果在户外对照着实物观察学习，反复熟记，就能够快速地掌握。所以最好多参加植物爱好者或兴趣小组的活动，哪怕每次只学习一个区别要点，能很快地熟记下来也是好的。如果不喜欢参加这类活动，那么去参加一些在博物馆定期举行的面向市民的观察会也是不错的选择。不过在日本，这种像样的自然历史博物馆也只在山形市、长冈市、横须贺市及大阪市等城市才有，屈指可数。

所以呢，就让这本书来代替博物馆吧！不过你一定要努力哟！

通过两次三次的不断尝试，当你相信自己可以向着更远的目标前进的时候，我推荐你再买一些专业图鉴回来自己学习。虽说并没有多少合适的图鉴，不过这里还是推荐给大家一本 1973 年由保育社出版的彩色自然指南——长田武正著的《宅旁杂草 Ⅰ · Ⅱ》。

交替着去阅读书末的解说与各种植物的介绍和图示，慢慢地你也多少称得上是一名植物学家啦，所以说这本书还真不错。

除此之外，我们会用到放大镜。

与在院子里开花的园艺植物相比，跟它们同科属的那些野花的花和叶的构造会更有意思呢，所以我在这里再举一些野花的例子作为对辨别方法学习的补充。

常见种类识别

毛茛科

　　毛茛科具有黄色的离瓣花，拥有 5 枚花萼。因为毛茛的花萼凋谢得比较早，所以必须寻找正在开花的植株，以便观察。老熟的花里面会长出像金平糖一样的东西，这其实就是一团种子，尖尖的是之前花粉着床于雌蕊的场所，称为柱头。表 A 中列举的毛茛（叶片深裂为 3 片）有两种，柱头弯曲的是卷喙毛茛，而不弯曲的则是禺毛茛，后者茎部和叶片上长有许多浓密的毛。

　　虽然毛茛跟表中旁边的蛇莓有相似的地方，但毛茛的茎不是匍匐在地上生长，而是直立向上生长。花瓣有油漆般光泽的黄色，几乎每片叶子上都有像地图一样的白色图案，这些图案是潜叶虫钻食叶子而形成的

中文名	学名
石龙芮	Ranunculus scleratus
毛茛	Ranunculus japonicus
济州毛茛	Ranunculus quelpaertensis
禺毛茛	Ranunculus cantoniensis
花毛茛	Ranunculus asiaticus

虫道。在花坛中种植的花毛茛上也经常能看到这种被潜叶虫钻食而形成的图案。

　　毛茛科植物全世界目前已知的超过 3 000 种，它们因为拥有美丽的花而经常被当作园艺花卉栽培。常见的栽培种类有冠状银莲花、侧金盏花、铁线莲、耧斗菜 、飞燕草 、黑种草、黑嚏根草（因在圣诞节期间开花，所以又叫圣诞节玫瑰）、秋牡丹等。一些常见的毛茛类植物的中文名和学名如上面表格所列，花毛茛和野生的济州毛茛最为相似，学名用英文的发音去读就可以了。

　　在这里，我需要说明一下关于学名和中文名的问题。对于每一种生物，由于地方和人的不同，叫的名称都不统一。比如说卷心菜，有的人叫甘蓝，也有人叫它洋白菜。所以将不同的方言或俗称统一起来有助于人们识别同一个物种。这样，在国内学者对物种进行描述命名的过程中，就逐渐产生了一个正式的物种名。同样在国际上，使用拉丁语对一个物种进行命名，这就是学名。学名由两部分组成，前面一部分相当于人们姓名中的姓，后面则是名。

　　上面提及的这 5 种毛茛类植物都有一些相似的特征，而区别于毛茛科其他植物，所以就把它们列在一个属，这也是组成学名两部分的第一部分，即属名。毛茛属在日本有 30 种，全世界共有约 400 种。而毛茛属与银莲花属、侧金盏属等近 60 个属的植物又有一些共同的特征，故而将这些属划分到一个科内，即毛茛科。以科为一级的单位还会有许多，根据这些科所共同拥有的一些特征又将它们划分到一个目为单位的分类阶元。物种的分类就是由界、门、纲、目、科、属这些不断细分的分类阶元所构成，而最基本的分类阶元就是像济州毛茛、禹毛茛这样的层级，称为种。

牡丹和芍药之前也被划分到毛茛科，不过根据最新的研究显示，它们与毛茛科有很大的区别而被单分为牡丹科。

蔷薇科

刚刚说到的毛茛科几乎全部都是草本植物，而蔷薇科里既有草本植物，也有木本植物。像樱花、梅花、桃、苹果、梨以及枇杷等我们熟知的植物，都属于蔷薇科。不过在春天里开花的草本类蔷薇科植物也就是蛇莓这样的蔓性植物了。蛇莓不像一般的蔷薇科植物那样有 5 枚花萼，而是有 10 枚。

当它的花开完的时候，花萼并不会随着花一起掉落，这一点跟我们常吃的草莓很相似，吃草莓时一定要注意观察一下。

蛇莓虽然和蛇含委陵菜很相似，但它们最重要的繁殖器官——花——存在很大的区别，故而被划分到不同的属。蛇莓的花凋谢后，花托会逐渐膨大起来，一颗颗种子就长在膨起的花托上，样子非常像我们常见的草莓，而蛇含委陵菜的花托并不会膨大，种子被花萼包围着，密集地长在一起。

蛇莓 Duchesnea indica

蛇含委陵菜 Potentilla kleiniana

在园艺植物中有很多属于蔷薇科，比如木瓜、山楂、棣棠、海棠、绣线菊、火棘、玫瑰、麻叶绣线菊、李叶绣线菊和珍珠绣线菊等。在叶子长出来的地方有明显的托叶，有 5 枚花瓣，5 或 10 枚花萼，有许多雄蕊，这些都是蔷薇种植物的特征。

石竹科

虽然我们常见的康乃馨、石竹以及满天星等漂亮的观赏植物都属于石竹科，但野生石竹科植物的花都非常小而逊色。如果仔细观察，这些植物还有一个共同点：它们的叶都是对生，且没有托叶。

在山里的菜地地埂上，我们能看到同花瓣浅裂的球序卷耳长得非常相似的本土种，本土种的花柄明显长于花萼，而且茎和叶稍微带点儿紫色。

如果有机会到村外走一走的话，我们可以见到繁缕。它们的花瓣深裂到基部，乍一看以为有 10 枚，实则只有 5 枚而已。常见的繁缕有 4 种，可以通过以下方法区分：

茎无毛→天蓬草

茎被毛→雌蕊五裂→鹅肠菜

         雌蕊三裂→繁缕或赛繁缕

区分繁缕和赛繁缕非常困难，要借助放大镜才可以。也可以通过下表进行区分鉴定。（仿长田武正）

	繁缕	赛繁缕
种子	直径 1~1.2 毫米，表面呈球状突起	直径 1.5 毫米，表面呈锥形突起
雄蕊	1~7 枚	5~10 枚
叶	小叶，6~18 毫米，深绿色	大叶，15~28 毫米，淡绿色
茎	暗紫色	淡绿色

即使如此，很多人还是只能区分天蓬草和鹅肠菜，对于繁缕和赛繁缕则都称为繁缕。所以，我们现在只要认识到它们都属于繁缕就足够啦。

伞形科

伞形科植物的特征是花小，伞状，叶细长分裂，根部膨大扩展包围茎。我们常吃的胡萝卜、香菜、芹菜、茴香这些具有浓烈香味儿的蔬菜都属于伞形科。而我们也经常看见生长在湿地、沼泽以及水渠和休耕农田里的水芹，不过因为花期的原因，想要看到它开花就不得不等到 7 月了。春天这个季节里正在开花的有窃衣，再晚一点的有小窃衣。它们的区别很明显，小窃衣开白色的花，而窃衣的花和茎略带紫色。

十字花科

蔬菜里的洋白菜和萝卜，以及园艺里常栽培的紫罗兰、桂竹香、香雪球、羽衣甘蓝，这些都是十字花科植物。早春时节的休耕农田里，肯定有很多人都注意到开着大片秀美花朵的圆齿碎米荠吧。

两三年前，在京都、奈良和大阪等地的河滩及堤坝，开始蔓延生长一种外来野化的油菜，这种油菜叶子的着生处细，呈柄状，而我们平时榨油吃的那种欧洲油菜的叶基部会包着茎部。这种菜作为芥菜的"野生型"，被称为西洋芥菜。

和蔊菜相似的种类非常多，不过在这里先不多讲了。到了 6 月，芥菜就代替北美独行菜盛开了。

芥 Capsella bursa-pastoris

圆齿碎米荠 Cardamine scutata

北美独行菜 Lepidium virginicum

蔊菜 Rorippa indica

无瓣蔊菜 Rorippa dubia

沼生蔊菜 Rorippa islandica

广州蔊菜 Rorippa cantoniensis

豆瓣菜 Nasturtium officinale

罂粟科

虞美人、东方罂粟、花菱草以及制造吗啡的原料——罂粟（禁止种植），这些都属于罂粟科，不过能在村中或城市外面找到的估计也就是白屈菜了。罂粟科植物有 4 枚花瓣，雌蕊的形态也同十字花科非常相近，如果不仔细看的话，很容易与之相混淆。不过它们没有十字花科那种像穗子一样聚集成熟的种子，雄蕊的数量也多于十字花科（6 枚），花萼 2 枚，开花之后会很快凋谢。另外，如果你将白屈菜捏碎的话，会看到像毒液一样的黄色汁液流出。

牻牛儿科

这个科最有名的应该是中日老鹳草了，不过它只有在夏天才开花。另外，原先的天竺葵科也被并入到此科。

鸢尾科

这个科包含了射干、谷鸢尾、红番花、香雪兰、剑兰和鸢尾等许多美丽的园艺观赏花卉。和这些漂亮的花相比，庭菖蒲开的小紫花就更显可爱，其中还会掺杂一些白色的花。庭菖蒲的花表面上看有6枚花瓣，没有花萼，但实际上它只有3枚花瓣，而另3枚是花萼，因为外形很相似，所以容易让人误以为那6枚全部是花瓣。鸢尾属的花比较大，便于观察，这个我在后面的篇章会给大家详细介绍。

酢浆草科

在之前我们已经讲过，春天里的野花可以根据花的结构分为5个类型，不过在这里我不得不再交代一下像庭院和路边最常见的酢浆草这样的特例。将酢浆草那黄色的小花拿在手里，轻轻地将5枚花瓣剥离，你是否会认为它属于离瓣花？确实很多图鉴都把酢浆草归入离瓣花。可是你再仔细观察一下，就会发现它的花瓣基部都紧紧贴合在一起，虽然稍稍使点儿劲就可以把它们分开。

同样，红花酢浆草的花表面上看也是离瓣。我们将这种情况称为离瓣合生。

叶子深裂成3枚心形小叶也是酢浆草科的特征。酢浆草的茎匍匐生长，从叶的基部可以看到托叶，黄色花瓣，在花的后面有像秋葵一样的荚。不过红花酢浆草则没有托叶，花瓣是紫红色，不结种子。

这种例外情况必须单独熟记才能更快地掌握。

豆科

常见的香豌豆、羽扇豆、金合欢、紫荆花、金雀花和紫藤的花都是由 5 枚形状各异的花瓣组成的蝶形花，它们都属于豆科。全世界大约有 550 属 1.3 万种豆科植物[①]，当然，也有花瓣愈合的种类（豆科植物的特征请参照下一章）。当花凋谢的时候，雌蕊的根部开始膨大形成豆荚，比如南菖蒲的豆荚会长成卷曲扭转的样子。

堇菜科

堇菜科里包括堇菜属的三色堇等种类，很少能在田埂或路边看到，它们多生长在丘陵或山地，所以不易于学习辨识。可以在有一定能力的时候和朋友一起通过图鉴来学习辨识。

唇形科

唇形科植物茎呈四边形，叶对生，掐碎后会有强烈的气味。常见的唇形科园艺植物有串儿红、鞘蕊花、薄荷以及做梅干用的紫苏等。

玄参科

与唇形科相似，但茎呈圆柱形。最常见的是婆婆纳属的阿拉伯婆婆

---

① 目前认为有约 690 属，1.7 万种。——编者注

纳，它的花的两根雄蕊像甲虫里的犀金龟的角一样，以雌蕊为中心对着生长。

在田埂边比较常见的有通泉草和匍茎通泉草，园艺栽培的有金鱼草、蒲包草、毛地黄和蝴蝶草等。

紫草科

常见的种类有勿忘我和天芥菜。

茜草科

茎截面为四边形，叶 6 片轮生（实际上 2 片是对生叶，另外 4 片是托叶）。以前所称的八重葎①现在是指葎草，而不是表 C 中的猪殃殃。茜草科的花都比较小，不太容易看见，所以很少用于园艺栽培。栀子花也属于茜草科。

菊科

头状花序，总苞。菊科植物的种子就像自备降落伞一样可以随风飘移，叶子边缘多锯齿状。花大而漂亮，多用于园艺栽培。

---

① 八重葎，日语发音 Yaemugura，与日语中猪秧秧的发音一样。日本著名的和歌集《万叶集》中有"秋天茂盛的八重葎"之说。这种植物据《万叶植物事典》考证是现在的葎草，而非猪殃殃。

菊科下分为两个亚科。舌状花亚科内的头状花序都是由一朵朵舌状花构成的，它们的茎和叶被挤压会流出白色的汁液；管状花亚科的头状花序由中间的管状花以及围绕在它边上的舌状花构成，舌状花并不会结果实，它的作用只是将远处的蜜蜂吸引过来帮助管状花授粉，不过，管状花亚科的茎叶被折断后并不会流出白色汁液，当然，管状花亚科里也有像蓟属这种只有管状花而没有舌状花的类群。

在园艺栽培的菊科植物中，常见的藿香蓟就只有管状花而没有舌状花，而万寿菊虽然同时拥有舌状花和管状花，但并不太明显。比如雏菊、金盏花、翠菊、鬼灯檠[1]、珀菊、两色金鸡菊、秋英、绸缎花、向日葵、金光菊、富贵菊、百日菊、锯草、日本裸菀、紫菀、滨菊、滨菊属、木茼蒿、勋章菊、大西草、蛇鞭菊、琉璃菊、大丽菊、大蓟等都是典型的菊科植物。蔬菜里有茼蒿、莴苣和蜂斗叶[2]。

车前草科

路边的车前草即使经常被踩来踩去也长得很好。

---

[1] 鬼灯檠现已被划分到虎耳草科。
[2] 蜂斗叶，日本为数不多的原产蔬菜之一，从明治时代开始就被广为种植。日本称之为"亦叄"。

蓼科

蓼科植物叶基部在茎节上部形成筒状的膜，将茎完全包围。比如夏秋时节都能看到抽穗的蓼科植物，虎杖也属于此科。

灯心草科

很像禾本科，但叶鞘部分完全形成筒状结构，花瓣小而不显眼。

莎草科和禾本科

花小，花瓣缺失，围绕花一圈的叶子形状特化将花包围。花簇经常集结成几层，故而在种类区分上非常困难，如果只是借助图鉴来对图寻找的话，基本很难对上号。为了准确鉴定这两个科的种类，首先必须将花解剖，然后根据检索表认真对比才可以。

在这方面以我个人的能力很难带领大家入门，建议大家读一读《宅旁杂草 Ⅱ》这本书来学习。所以需要说明的是，本书末尾表 E 的左半部分针对此类植物的鉴定没有任何帮助。

春天的田埂和堤坝周围开花的植物总共近 60 种，除了这些我们身边的植物：（1）也有现在春天暂时观察不到，只在夏天或秋天开花的野花；（2）竹林和森林中也有不同种类的野花开放；（3）木本植物和藤本植物同样很丰富；（4）除了野花外，也包含人们种植的庭院植物、园艺植物以及农作物；（5）海边和岩石多的地方以及高山地区生长着完全不同的植物种类。

　　像这样的植物有太多种类了，有机会知道它们的名字将是一件非常令人愉快的事情。除了植物之外，还有叽叽喳喳的小鸟、花丛中飞舞的蝴蝶、爬在枝头上的蜗牛，这些丰富多样的动植物构成了整个自然界。

管理者指南

　　自然界充满了各种各样的事物，感知它们是我们认识自然的第一步。首先我们会用我们的眼睛、鼻子、耳朵或手去感受这些事物，它是柔软的，有敏捷的动作，有坚固的茎秆，又或是让我们有刺痛感的棘刺，还是有特殊的气味儿；其次我们将这些感受的属性进行整理，进而对这些事物进行鉴定。通过不断地重复这两步操作，我们就会对这个多样化的世界有更深的认识。

　　虽然很多自然保护者主张我们不要去捕捉或摆弄动物与植物，但是我认为，对于小孩子还有刚开始进行自然观察的人来说，这些还是非常有必要的。

　　不过我们还是要慎重地对待可供观察操作的对象，尽量选择一些身边常见而不濒危的，且没有微小到难以观察的对象。还要强调的是，像男孩子们眼里非常有人气的昆虫这样，通过整体印象或者依赖直觉就能鉴定的类群也不太适合。应该能让参与的伙伴每个人都拿到同样的材料去观察，比如路边、田埂呀，堤坝或是河滩之类地方生长的野草、野花就能满足这个条件。

　　当然，为了避免对自然不必要的破坏，适当的指导也是非常有必要的。我们不应该只是教大家知道这些东西的名字，因为我们并不是为了培养标本采集者，更重要的是激发人们对于自然观察的兴趣，让人们从不同角度去观察一个物种，它的奇妙之处、它的复杂之处、它的巧妙之处，等等，进而让人们心生爱护之意，避免它们在我们的手中受到伤害。

　　不管是多么简单的活动，在开展活动前必须对活动地进行实地踩点，设定好预定路线，并选择适当的学习材料，对于可能在观察中遇到的问题提前进行调查。

　　最好给参加活动的人配发路线图，并教授地图的使用方法。

第二章　紫云英

紫云英在哪里

一说到春天的田园风光，首先浮现在我们脑海的就是旅游宣传画上那一片片的紫云英了。今年的 5 月黄金周，我们不妨也和家人一起带着便当去欣赏紫云英花海吧。不过问题来了：去哪里能看到成片的紫云英呢？首先我们还是先讲讲地图的查看方法吧。

在地图的右侧都会有图例说明，这里会有农田、果园、阔叶林以及竹林等代表地表植被类型的图例，但是我们没法在其中找到紫云英田。我们都知道紫云英会生长在水田（地图中用两条平行线代表），但不是说有水田的地方就一定会有紫云英。我自己的经验是，相比大平原，可能山麓这些地方会更容易发现紫云英，这与将在后面讲到的农业生产方式息息相关，所以我觉得丘陵和山谷等错综复杂的地区、竹林和村落相互重叠的地区不仅景色美丽，还会有大片的紫云英。

　　地图上一般都会标注等高线，等高线间的间隔小代表地面坡度大，即山区；而间隔大则代表坡度缓和，即平地。在间隔大的时候，会用断断续续的细线——间曲线①标注。等高线突然改变方向的代表山麓带，而向内凹的部分，如果带有水田符号的话，则代表沿着山谷开垦的水田，这些都是寻找紫云英的好地方。

　　住在市区的人们可以乘坐每站都停车的慢车，当然尽可能乘坐支线列车，当看到窗外出现一片片粉色的田地时，便可以在下一站下车了，如果坐过站的话，补完票再坐回来就是了。

　　从天上不断传来云雀叽叽喳喳的叫声，小麻雀正在练习飞翔。再试着观察周围的野草，会发现有很多没有见过的种类。

　　在第一章我已经向大家介绍过了，每种野草都有它自己的名字。春天的野地里正在开花的成千上万的野花，把它们全部归类的话有60～70种。当然，不仅仅是野草，飞鸟、蝴蝶、青蛙或大树，都可以归入不同的种类，想一想都让人觉得不可思议，真是件了不起的事情。这也是让分类学者痴迷的魅力所在。

　　水田（｜｜符号）向等高线比较密集的山地间延伸的地方，就能找到紫云英。在快车停车的市区大站（比如檀原神宫前站）附近的小站

————————

① 间曲线，在地势平坦的区域仅使用基本的等高线无法表达实际地形情况，因此为表现局部地貌特征，采用基本等高距一半长度的等高距绘制的等高线叫作间曲线。

（例如檀原神宫西口站）下车就可以到了。

　　图6中虽然没有将引水渠用特别的符号标记出来，但是根据水田地带中等高线向内凹的部分（C和D）就可以判断出引水渠的主干线从这里穿过。入水口在图中右下部分A的位置有两个，另外在天皇陵的沟渠B处也有一个，最后水从左上角弓场的附近排向河中。蓄水池一般都像图中山脚E处那样马马虎虎地建一个拦水的堤坝（粗线），当然，在平坦的地方也会建F那样的将四周围起来的储存雨水的蓄水池（参照图26）。在其他山脚的位置，还有很多图中没有标出的比较小规模的蓄水池。

　　好几百棵同种野草，有的长得高，有的长得矮，有的枝繁叶茂，有的只有几根分枝，但它们花的构造都是一样的，而它们叶子的形态及分枝方式也一样。虽说这些形态特征确实方便我们对其进行分门别类，但这些具有同样或相似形态特征的野草可不是为了方便人类归类识别而长成这个样子的，这些形态特征对它们自身有重要的生存意义。

　　沿着田埂边走边看，你会发现这些野花并不是完全随意、毫无规律地生长，你会注意到有的地方长着一小片济州毛茛，有的地方毛茛特别多，还有的地方长着很多蒲公英或聚集生长着看麦娘，某些地方可能出现某种植物比较多，甚至大面积聚集生长的现象。

　　在分类上拥有同一形态特征的野草，也会因它自己的喜好而占据不同的生长环境，比如经常被人踩来踩去的地方只有车前草，圆齿碎米芥

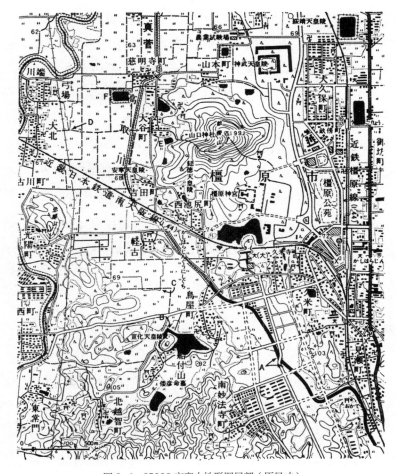

图6　1：25000 亩旁山地形图局部（原尺寸）

喜欢潮湿的地方。这种喜好不同生长环境的现象受到生态学家的关注。但是野草可不管分类学家或是生态学家的法则,一方面野草会因不同的形态特征而分属不同的种类,另一方面根据它们的生长方式又会和其他不同种类的野草聚集在一起,形成单一或多种植物混生的群落。

理论上都是如此。好了,还是让我们回到紫云英上来吧。

找到一个花儿多的地方,放下背包躺下来观察。

当然,也不能随便就找个地方躺下。因为山谷的地下水位高,所以尽量不要躺在梯田靠近山的那一侧,否则不知不觉就会被渗出的水弄湿身子,而要选择干燥的田埂那一侧。做好这样的准备后,再好好观察一下紫云英,即使在同一片田里,紫云英也会因为位置不同而有不同的生长方式及密集程度,紫云英是不喜欢太潮湿的地方的。

紫云英的植株

能够听到嗡嗡的叫声,这是蜜蜂,当然也许还会有蝴蝶飞舞。一边观察蜜蜂的行为,一边好好看一看紫云英的植株。

首先,小心地把一棵紫云英连根拔出来,不要使蛮劲儿生拔,可以把木棍或小刀插进土里,把根刨出来,尽量轻拔,用指尖捏住,然后轻轻地把根上的土都抖下来，它的根就露出来了。再到附近的水渠好好地洗一下，就更能看清根的样子了。

一根粗粗的主根分出很多白色的须根，在这些须根上面长着很多 3～5 毫米长的略显红色的米粒状小球。

这些小球叫作根瘤，或者可以叫它们"氮工厂"。当然，这里所说的氮工厂并不是说要散播水俣病啦[1]。这些小球里面居住的是一种叫作根瘤菌的细菌，它们的工作是将根系周围土壤间隙空气里不能溶于水的氮素转化成可以溶于水的氮素化合物。

农民们会在收割完水稻后，在田里撒上紫云英的种子。在来年插秧前的一小段时间，紫云英就生长发芽了，这个时候它们的根上就会由于根瘤菌的作用而长出小米粒大小的根瘤，制造出许多可溶于水的氮素。紫云英就依靠这些营养不断地生长。农民们把这些紫云英用犁头犁掉，然后把它们捣碎跟土混合在一起，制造出天然的氮肥，也就是我们所说的"绿肥"。

这样，即使是收入较少买不起化肥的农户，也能通过自家田地来制造天然的肥料。

---

[1] 水俣病，1932 年新日本窒素肥料公司（窒素，即氮）于水俣工厂生产氯乙烯与醋酸乙烯，其制作过程中需要使用含汞的催化剂。由于该工厂任意排放废水，这些含汞的剧毒物质流入水俣湾，被水中生物所食用，并转成甲基氯汞（化学式 CH3HgCl）与二甲汞（化学式 (CH3)2Hg）等有机汞化合物。人食用这些被污染的鱼虾后即患上水俣病。

这种制肥方法在 1935 年最为盛行，在 1945 年减少到一半。最近很多农户收入增长，但人手又不足，所以为了省时省力，化肥的使用量开始迅速增加，依靠紫云英获得天然肥料的播种习惯逐渐衰落。

不过紫云英并没有因此而消失，因为它的种子的发芽能力实在是太强了，经过 3 年还能够正常发芽，甚至有一些 18 年后重新泡到水里又开始发芽的，而田埂边上的紫云英也在不断地生产出新的种子补充进来。即使如此，现在也很难看到一片田里全是开满红花的紫云英了。

紫云英并不是原产于日本的本土植物。在它的原产地中国大陆，紫云英也被叫作翘摇，在日本植物图览中标记的日文名就是"翘摇"在日文中的音读（也就是说，连名字也是外来的）。具体是什么年代被引进到日本的不太清楚，不过作为绿肥而进行广泛栽培种植是从明治中期开始盛行的。虽然现在可以在外面看到野生状态的紫云英，但实际上它们也属于引进栽培植物中的逃逸物种 [①]。

紫云英的茎、叶和花

我们继续观察，根的上面当然是茎啦。不过紫云英可不像毛茛那样就一根茎直直地立着，而是向四周匍匐生出很多分枝，每条分枝上又分出很多小枝，看起来地上就像是盖着一块地毯似的。在枝条分枝的部位

---

① 逃逸物种，人为引种逃逸到野外定居的非本土物种。

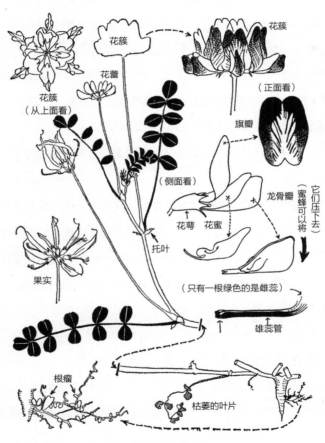

花簇
花簇
（从上面看）
花蕾
（侧面看）
果实
托叶
花簇
（正面看）
旗瓣
龙骨瓣
花萼　花蜜
（它们压下去
（蜜蜂可以将
（只有一根绿色的是雌蕊）
雄蕊管
根瘤
枯萎的叶片

图 7　紫云英的植株构造

可以看到节的位置有两片锯齿边缘的三角小片夹着茎，这是它的托叶（参照图7）。从托叶往上，排列着左右对称的椭圆形小叶，这一整体就是形态学上所指的一枚叶，这里算是对前一章所讲的知识进行一次复习。像这样复杂地分出很多叶子的情况，我们称之为复叶，构成上面一片片椭圆形的叶片，我们称之为小叶。像这种有托叶的复叶，边缘无小锯齿、呈椭圆形或心形的小叶，都是豆科植物的特征。

一旦茎上长出叶子，那么在茎和叶的裂口处就会长出顶尖开着花的细长的柄。

就像这样，每个节都如此缓慢地生长开来，甚至可能靠近根部的节上开的花已经败了，结出了豆荚，而在顶尖尚自不断生长的节位置的花还是花蕾呢。从远处看一根茎上好像就开着一朵花，但你最好走近再仔细看一看，实际上是由7～11个蝶形花轮生排列构成的花簇。虽然跟蒲公英那种紧簇的头状花序不大一样，但也可以称为一种头状花序吧（同属豆科的白三叶草等都是像这样的头状花序）。

人们把这种轮子一样排列开着花的样子比作莲花，所以紫云英也叫莲华草。和我家附近寺庙里正在准备佛诞节①的梵妻②聊天时得知，她们寺庙的佛座莲就是紫云英，所以她们相信向佛供奉紫云英才是正统的，

---

① 佛诞节，每年4月8日，为庆祝释迦牟尼生日。
② 和尚的妻子。

也就有供奉紫云英花这种习惯。紫云英从中国远道而至日本，说不定跟古代传扬佛法的僧侣有关系呢。

再来观察一下花的细节：每一朵花都从一个花萼长出；花萼呈筒形，端部五裂。将紫红色的花瓣一片片地剥下来，这4枚花瓣就像图7中画的那样，分为3种不同的形状。最大的垂直立着的那片花瓣叫作旗瓣，在它前面像船头一样伸出的一片叫龙骨瓣，龙骨瓣看起来像是一片花瓣，但实际上是由两枚花瓣合生在一起的。看一下龙骨瓣根部就能找到证据。根部分为两叉，长在龙骨瓣两侧的白色细长的叫作翼瓣。

访花的昆虫们

来访花的虫子里有九成以上都是蜜蜂。它们先将脑袋探进一朵花里，一会儿又转移到另一朵花。此时蜜蜂好像是在吸花蜜。在访问下一朵花的时候，有时会访问同一花簇上的不同的花，也会访问不同花簇上的花。蜜蜂们准确地停留在花芯位置并潜入以吸食花蜜，并没有左顾右盼的多余的动作。像车轮样排列生长的花簇中央——如果把它比作一个车轮的话就是指车轴的位置，没有一只愚蠢的蜜蜂会在这里搜寻，似乎大多数蜜蜂都知道真正花蜜的下落。

紫云英花的旗瓣表面有放射状的纹理，这些纹理好像在指引蜜蜂，告诉它们花芯（花蜜所在之处）就在这里。为了钻进去，蜜蜂会停留在伸出的龙骨瓣上。

　　用火柴棍或者小镊子像蜜蜂一样轻轻地将龙骨瓣向下压。里面伸出一束白色的丝，每根丝的头上都粘有黄色的粉。这些白丝是雄蕊，黄粉是花粉。数一数，一共有9根雄蕊，它们的根部紧贴在一起围成一个筒形，然后从根部又伸出一根与其余9根不一样的雄蕊（一共10根）。雄蕊根部围成的筒里面有一根浅草绿色的，这就是雌蕊。

　　所有的蜜蜂停留在龙骨瓣上，目标都是旗瓣。它们依靠自身重量而让龙骨瓣向下沉落，这样雄蕊就会暴露出来。蜜蜂向着花瓣根部深处，一直潜入到最深的地方。紫云英的雄蕊和雌蕊的头向上弯曲，蜜蜂腹部长着许多密密的毛，这种结构是为了在蜜蜂向花里钻的时候，使花粉挂在上面。当蜜蜂为了吸食花蜜而转移到另一朵花的时候，就会把之前携带的花粉带到这朵花的雌蕊上。

　　注意观察，蜜蜂离开花的那一瞬间，几乎在同时，刚刚暴露出的雄蕊又被龙骨瓣藏了起来。就是几分之一秒的时间，这些龙骨瓣发出打孔般的声音跳跃着。当黄色的花粉都被蜜蜂带走之后，这些老的雄蕊就会一直暴露在外面，呈现出任务完成的老残姿态。

　　像紫云英这种花的构造，就是为了吸引蜜蜂，给予蜜蜂花蜜的同时，得到蜜蜂的帮助来进行授粉，形成巧妙的配合（紫云英是异花授粉植物，就是说雌蕊被授予同一朵花的雄蕊的花粉后并不能结果）。

当花凋谢后，雌蕊根部开始膨大，长成镰刀状的豆荚，黑色的豆荚里月牙状的种子逐渐变大。打开一个豆荚，里面分为两个小室，分别有 4～5 粒种子。若是每一朵花平均可以结 8 粒种子，那么一棵紫云英可以结多少粒种子呢？稍大棵的紫云英差不多有 10 根匍匐的茎，每根茎藤上大约长有 4 根可以开花结果的花茎，每根花茎上平均轮生着 8 朵花，那么就可以推算出 $10 \times 4 \times 8 \times 8 = 2\,560$ 粒种子！这些可都是蜜蜂的功劳啊！

蜜蜂的身体

蜜蜂可是很机灵的，它们并不满足于传粉所获得的报酬——花蜜。有放大镜的朋友一定想对比图 8 了解蜜蜂的身体构造吧。你肯定会惊讶：为了花粉的采集和运输，它们竟进化出如此精巧的身体构造。

没有放大镜的朋友，可不要买那种相面用的大型凸透镜，选择小型的观察昆虫用的，放大倍率在 10～20 倍的放大镜（虫眼镜）就好了。这种放大镜的焦距比较短，对使用方法有必要多熟悉一下。同时将眼镜和观察对象靠近放大镜，不断变换角度去观察。

因为蜜蜂会蜇人，所以如果想观察它们的身体构造的话就不得不杀死它们了。不过没必要小题大做买太贵的昆虫采集工具，像喝速溶咖啡那种厚度的玻璃瓶就足够了。把里面洗干净，瓶底塞上脱脂棉，滴上几

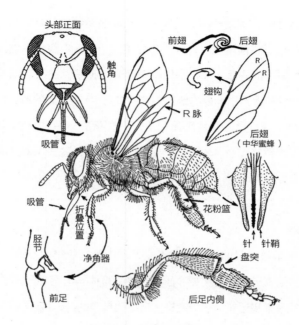

图 8 蜜蜂的身体构造

翅：出巢的工蜂以翅钩列将前后两枚翅膀勾连在一起飞翔。（中华蜜蜂后翅有 2 条 R 脉）

触角：有嗅觉装备。

眼：大大的复眼可以用来分辨花的形状。

口器：有一对尖牙（上颚，画斜线的部分），可用来进行筑巢等工作。上颚后面有 5 根合在一起的"吸管"，用来吸食花蜜。这些吸管可以在图中标注的位置对折起来。

前足：有清洁触角的装置。胫节的端部有与触角差不多直径的凹陷，用这里夹住触角然后捋干净。

后足：将身体毛上粘的花粉刮下来，通过脚后跟的刮片（盘突）将花粉做成小团子，然后将它们推到胫节外侧扁平凹陷处（花粉篮）运输回蜂巢。

腹部：末端藏着毒针，这是由产卵管变形而来的。

滴家用的药用氨水或洗衣领用的轻油精①，然后用盖子盖严实带着备用就可以了。

当蜜蜂钻到花里面采蜜的时候，迅速用准备好的瓶子和盖子扣住花，把它抓住。它的舌（吸管）折叠藏在上颚内侧，为了观察可以用牙签尖挑出。

已经有人开始关心这个问题：蜜蜂和紫云英花在构造上如此相互适应，这种关系是在什么时候什么情况下形成的呢？这是紫云英被引到日本之前的事情了。

紫云英和蜜蜂的同类

紫云英所属的黄耆属植物几乎在全世界都有分布，已知大约 2 000 种。日本国内有 8 种原生种，它们仅生长在日本北部从温带到寒带的高山沙砾地、石灰岩地和草地（只有四国黄耆分布在德岛县的海岸）。所以像紫云英这种喜欢生长在乡下温暖的地区、日本北部多雪地带也不能栽培的种类，也多少有点"怪物"的意思。

在中国大陆，已知近 15 种黄耆属植物。像图鉴中常见的地八角等种类，它们花的类型都与紫云英非常相似（不过是多年生），作为紫云英的原产地，在中国就连外行人也可以轻易对其有所了解。

———————————

① 轻油精，从原油中萃取的挥发溶剂，常用于干燥清洁剂和去污剂。

自然观察入门

　　那么，蜜蜂这边是怎样的呢？

　　现在我们在紫云英中看到的正在振翅作声的蜜蜂，它们确切的名字叫作意大利蜜蜂，顾名思义，它们分布于欧洲，根据分布区域不同又分为 17 个亚种。在这之中，人们对意大利、南斯拉夫 ① 及高加索三个地方的亚种进行杂交改良，然后将它们出口到全世界各地作为产蜜蜜蜂进行饲养。日本在 1877 年经由美国引进这种意大利蜜蜂，随之近代养蜂业迅速扩展开来。

　　在日本本土栖息的是中华蜜蜂，在古代也作为养蜂用种类。在日本分布的中华蜜蜂实际上是中华蜜蜂日本亚种，也叫日本蜜蜂。有时可以看到它们在山里的树洞中筑巢，它们现在还勉强生活在山中或孤岛上，也有被人为饲养的。外来种意大利蜜蜂的腹部大部分是橙褐色，后翅少一条翅脉；本土的日本蜜蜂腹部每节上有黑色的带，翅脉在后翅端部分为两条。中华蜜蜂的分布范围西起印度、斯里兰卡，南抵印度尼西亚的爪哇岛和苏拉威西岛。

　　紫云英花和蜜蜂构造的相互适应，应该是在二者原本自然重叠分布的中国确立的吧。我们应该容许外行人开动脑筋发挥各种想象，这也是乐趣所在呢。当然，或许我们也应该搞清黄耆属的其他种类和蜜蜂的其他种类间的关系，不过也许它们祖先所在的地方并不是我们现在看到它

————————

① 现为塞尔维亚。——编者注

56

们的地方呢。像这样的问题，如果不能搞清楚蜜蜂和植物双方的进化史，也就只能作为空想无果而终。不过，作为业余爱好者当然有权利随意提出种种奇说怪论，里面或许会有解开这些自然中隐藏的谜团的钥匙呢。

其他昆虫

为了获取花蜜而访问紫云英花的蜂类中，除了蜜蜂以外，还有其他访花类的蜂。它们有的触角长，有的腹部很肥大，不仅从外观看有很大区别，在身体的构造上区别也不小，比如相较蜜蜂它们的舌短，后足并没有那么宽扁，也没有花粉篮。

女昆虫学者宫本赛池在丹波[①]筱山盆地开展的调查，就包括对不同蜂类和其所访花类，以及蜂舌长度与所访花管深度（从花的入口到花蜜处的距离）之间关系的探究。访问紫云英花的有意大利蜜蜂、日本蜜蜂、毛跗黑条蜂、日本四条蜂以及壁蜂等近 20 种蜂类，它们都有中等长度的舌。

和这些访花的蜜蜂总科昆虫不太一样的是，捕食性的蜂类并没有为了吸食花蜜而生出特别长的舌，比如我们最常见的马蜂属的角马蜂，它们也会到访紫云英，却很少见它们把脑袋探进花里，倒是在叶子或茎上

[①]　丹波，包含现在京都府中部及兵库县东隅、大阪府高槻市一部分、大阪府丰能郡丰能町一部分。

转来转去寻找着什么的样子。其实它们是在寻找青虫，当发现青虫的时候就会用那对大牙将它咬死，然后将虫子身体里的肉咬下来，做成圆形的肉团子带回巢中，它们的孩子正空着肚子等待着呢。

角马蜂用虫子肉来喂养后代，它们自己却也能以花蜜为食，不过它们主要吸食像阿拉伯婆婆纳或葎菜这样花管比较短的植物的花蜜，因为它们的舌比较短，很难吸到像紫云英这种花蜜藏得很深的植物。

偶尔也会见到像黄条褐弄蝶、宽带燕灰蝶、红灰蝶和宽边黄粉蝶等小型蝴蝶。这些蝴蝶的采蜜方法就不如蜜蜂那样聪明，显得有点儿笨拙，像个新护士一样，用管子一样长长的口器对着花这一下那一下地刺来刺去，想要准确地找到花蜜还要费不少功夫呢。黄条褐弄蝶和宽带燕灰蝶是日本本土固有的种类，或许生活在这片土地上已经有几万年了，而这里的紫云英至多也才被引入日本几百年而已，所以这些蝴蝶并不怎么熟悉紫云英的花吧，吸取花蜜的动作就显得不那么老练了。当然，或许真正的原因在于这些蝴蝶并没有进化出方便吸食各种花的花蜜的结构吧。

光亮拟天牛平时都喜欢在田埂上的蒲公英和剪刀股上面，屁股冲上倒立着把脑袋伸进花里吸食花蜜，偶尔也能见到它们在紫云英上徘徊，这只是误入，因为它们的身体重量太轻，根本不能将紫云英的龙骨瓣压下去，无法吸食到花蜜，所以也并不是与紫云英相适应的昆虫。

我们光是聚精会神地观察像紫云英这样的植物，通过它的生殖器

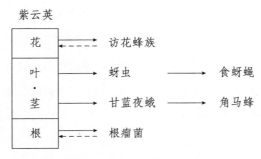

图9 紫云英与昆虫等其他生物的关系

官——花，就关系到很多种昆虫。它们与蜜蜂这些访花蜂类的关系非常深，与蝴蝶的关系就显得比较浅了，与天牛这些昆虫则没有任何关系。

和紫云英有关系的昆虫还有其他样子的。比如乍一看像蜂但只有一对翅膀（蜂类有两对翅膀）的小小的食蚜蝇在紫云英花间飞，时而将腹部弯曲，从腹端部贴着花的内侧留下一枚米粒状的白色东西。这就是食蚜蝇的卵，说明附近肯定有浅绿色的蚜虫。蚜虫会吸食紫云英的汁液，每天扑哧扑哧地生出小蚜虫，数量不断增加。从卵里孵化出来的食蚜蝇幼虫就会吃掉这些蚜虫。这也就形成了紫云英→蚜虫→食蚜蝇三种不同生物间的相互依存关系，这里箭头的指向就是营养成分运动的方向。为了表明这种关系，图中用双箭头将紫云英和访花蜂类的双向关系标示出来，紫云英将花蜜和花粉给予蜂，从而获得蜂类的帮助来传粉繁殖（虚线箭头）。而角马蜂表面看跟紫云英并无关系，但它以紫云英叶片上甘蓝夜蛾的幼虫来制作肉团子喂养后代，也可以算是与之有一定关系吧。根瘤菌就更不用说了。

像图9这样复杂的关系，主要发生在紫云英与其他生物间。进一步说，还有另外很重要的关系网，那就是我们肉眼难以观察到的、处于同一片土地中不同植物间的相互竞争。

风媒花

5月上旬的田埂已经被酸模的穗染成赤红色了。那还是几年前一次准备观察活动的归途中，我沿着石见川[1]到达河内[2]的观心寺，看到缓缓向西倾斜的山谷坡上，梯田埂上密密麻麻地全是酸模的穗，沐浴在夕阳下发出明亮的赤红色，从对岸背阴处的杉林中浮现出来。我有时候会想，为什么没有日本的诗人来描绘这么美丽的景色呢？

早在四五年前我就开始着迷于酸模的美，只是一直没有时间。今年总算有时间了，可以坐在满是豆荚的紫云英田里，在耀眼的夕阳下好好地欣赏酸模了。有全白色的，也有像燃烧的火焰般红色的。开始我认为，叶子红了，穗就一定也红了，但也有很多例外。有的开着花儿，但植株是红色的，也有的已经长出了果实，可是植株还是草白色，所以成熟与

---

① 石见川，流经日本国内的主要河流。
② 河内，大阪府东南部城市。

否和颜色似乎没有必然关系。

著有《日本归化植物图鉴》的长田武正引用北原白秋[①]的童谣：

> 上学路的堤坝上开满了酸模的花，就像印花棉布般美丽，白天的萤火虫在睡觉呢。

几句话就描绘出了秋天的感觉。

不过童谣中说的印花棉布那种高级布料跟我这样的人没什么缘分，我也没有见过它的样子，所以对于童谣中描绘的那种感觉我完全无法体会到。正巧有一次注意到朋友的女儿穿了一件用东南亚本土布料制作的连衣裙，我觉得，说二上山[②]山麓梯田里开花的酸模就像是这种印花棉布，也并非不可以。

另外，酸模有雄株和雌株之分。雄株上立着的穗全部是向下垂着的雄花，从黄色的花粉袋中生产出大量花粉。正在练习飞翔的小雀鸟紧紧地抓住花的时候，茎就会来回摇动，花粉就像烟雾一样飘散。用手指轻轻一触就粘满了，像是松散的黄豆粉一样。

雌株立着的穗全部是雌花。首先看到的是深红色的毛束，这是雌花

---

① 北原白秋（1885 年 1 月 25 日—1942 年 11 月 2 日），日本童谣作家与诗人。

② 二上山，横跨日本奈良县葛城市与大阪府南河内郡太子町。

的尖（柱头），这里可以粘上由风吹来的花粉。也就是说酸模是雌雄异株依靠风媒传粉的植物。同一株雌穗上靠近根部的花，会由3枚不断变大至茶布样的心形片包裹起来，这个时候就看不到柱头了。

5月下旬，被小茶布包裹的种子成熟的时候，就连手工制作的印花棉布也变脏的时候，夏天到来了。在大和平原①，每年5月中旬是酸模最漂亮的时候。

表E中列举出的植物的穗（花簇）都不会有蜜蜂或蝴蝶来访问，它们都是依靠风媒传粉的植物。那么，为什么风媒植物的花要长成穗的样子呢？

不需要吸引昆虫的花瓣→每一朵花都变小→成为增加受粉效率的花簇→花簇上下延伸变长变高更利于被风吹到，会不会是这个原因呢？

风媒植物里最繁荣的应该就是禾本科植物了吧。每逢黄金周结束的时候，抽穗的禾本科植物种类就急速增加。所以表E中的区分方法也仅仅适用于4月中旬。

也可以见到像甜茅、巨序翦股颖、草地早熟禾及银鳞茅这些没有芒的早熟禾型的穗。区分这些种类就需要多加训练了。区别它们的细微特征需要耐心，并制作压叶标本与实物对照练习。不过这些对我们这样的初学者来说有些太早啦。现在还是继续享受用肉眼辨别它们的乐趣，一

①　奈良盆地。

步一步专心地提高能力吧。

如果你手边就有放大镜，那就先窥探一下这些风媒花的雌蕊吧。雌蕊上有专门接受借助风运输过来的花粉的装置。

成群生长的紫云英和被农田相隔的紫云英表面上并无关联，但正因为蜜蜂这样的传粉昆虫，它们才能够跨越间隔而得以繁殖。

排列生长的酸模依靠风来传播花粉而留下种子。每种植物都是依靠种子这种共有的方式来生殖繁衍下一代的。在这无拘无束的田园风景中，存在着这些我们用肉眼观察不到的就像血脉相连一样的关系，既神秘，又那样普通。

风景的色彩

紫云英花凋谢后，风媒花就开始占领野地啦，不过都是禾本科的植物，像鲜艳的酸模这个时候已经枯萎了，所以田园风景里装点的色彩都消失了。依靠昆虫传粉的虫媒花的季节暂时告一段落。看麦娘和茵草的叶子变黄了，开始枯萎。曾经，春耕都是靠牛和马来劳作，可是现在随着耕地机以及拖拉机的普及，初夏的田园里，这些美丽的颜色已经伴着轰鸣的马达声快速消失在泥土中了。

野地里变得只有绿色、草绿色、浅黄色，以及水和土的颜色，非常单调。回忆一下过去在小学上美术课的时候，我和同学们经常缺少绿色的颜料，这个时候老师就会把蓝色和黄色的颜料倒在一起调成绿色，但即使这样也不够用，而像红色、粉色和紫色这种鲜艳的颜色，虽然很想用在画里，但又无处可用，因为放眼看去，周围的天空是蓝的，山是绿色的，野地里也是绿色的，而屋上的草顶是深棕色的，总共就那么几种颜色而已。如此一来，教室墙上贴的大家画的风景，无论画得好坏，全部是一个色调，同学和老师都已经画烦了。

古代日本的风景想必极其朴素和单调。春野里各种鲜艳的野花，对于农民是一种希望，象征着生命复苏季节来临的喜悦。在紫云英田里游玩的时候你是否还记得自家菜园种的各种花草呢？不管是金盏花、矢车菊，还是多到种子都不用收集的茼蒿，从不拔掉它们，让它们随意地生长。我觉得这并不是因为懒惰，也不仅仅是为了风流雅趣。这多少是想丰富一下风景的色彩，是寄寓心中的农人灵魂的一种表露。就像柳田国男的《雪国之春》和《棉布以前的事》里反复描述的一样，日本的田园是如此寂静。

大和时代①在飞鸟②曾发生过一场关于紫云英的论战。明日香村③的村长带头给农户们分发紫云英的种子，鼓励农户往休耕的田地里播种紫云英来吸引观光客。绘着"日本的故乡"字样的广告牌上都会讲到，在

————————

① 大和时代，日本定都于大和地区的时代（250—538），也称为古坟时代。
② 飞鸟，大和国高市郡所在地，现指奈良县高市郡明日香村大字飞鸟周边地区。
③ 明日香村，奈良县中部村子。

人们心中最重要的是那铺满了田野的红色紫云英。铺满紫云英的田园风景契合着城市游客的心愿，呼唤出人们对于快乐的少年时代的思念。

受委托执笔《明日香村史·自然篇》的著名植物学者K先生对此表示反对：紫云英明明就不是日本本土的植物，而古代飞鸟地区的风景本来就是色彩暗淡朴素的，如果说把飞鸟地区作为日本的故乡，那么理应让来此游览的观光客知道故乡真实的样子，往田地里播种紫云英的做法就是胡搞。

村史编写委员会会长非常生气，说植物学者一派胡言，不能把这些写到村史中。针对会长有没有说过这些话，在报纸上的讨论非常热闹。

即使将紫云英的问题抛开不讲，对于飞鸟历史文化的保存也还存在着很多问题。

春野里开放的野花就像书末表中列出的一样，以黄色的花居多。其中，数量最多的蒲公英、苦荬菜、毛茛和蛇莓的花都是黄色的，开白花的繁缕或碎米荠又因为太小而难以引人注意，所以如果没有紫云英来装点的话，一定是非常空寂的景色。可否借此追思一下我们祖先每天眺望这种风景的生活呢？

奇特的黄菖蒲花

当紫云英凋谢的时候，再给大家推荐两三种夺目的花：禾本科长着丝绵般穗子的白茅、水渠里的黄菖蒲、田埂及路边的薤白，靠近山边的有齿叶溲疏，还有野蔷薇、蕺菜、珠芽景天，以及路边的一年蓬等。

下面让我们来看看两种比较特殊的花，它们的结构与传粉繁殖有关。

黄菖蒲花，原产于欧洲和亚洲西部。在明治中期传入日本，栽培于水边，之后扩散到各地，形成野生的种群。它们生长在营养丰富的水边和淤泥里。虽然都属于鸢尾科，但黄菖蒲还是多少与第一章讲过的庭菖蒲不太一样。先看一下叶子，先是在与茎连接的部位分成了两半，又在尖端的位置合并到一起，这是它们共有的特征。最大的不同在于花，它的花全是黄色，6～8毫米长。花的构造也很特别，不管是花萼、花瓣，还是雌蕊什么的，完全分辨不出来，还是来看看图解吧。

首先，包围着花的根部有两枚对向的船底形的绿叶，它们向着彼此相反的方向对生，这个船底形的叶保留着在尖部收缩的特征，像是叶的变形。黄色的花分成3个类型。令人惊讶的是，宽阔的舌形结构向下垂着的花萼（3枚），小而立着的花瓣（3枚），在花萼的上面、中间紧紧贴着的雌蕊（尖头分为3叉），全都与"3"有关。把花萼向下拉，隐藏在和雌蕊接合处的雄蕊就暴露出来了，一共有3根，两列花粉囊朝下。

这些是竹林里的蝴蝶花、高山沼泽里生长的花菖蒲，以及庭院里种的溪荪、燕子花、鸢尾、虎眼荷兰鸢尾和德国鸢尾等鸢尾属花的共同特征。不过，由于种类的不同，有的花瓣更大，有的花萼根部有条纹状，

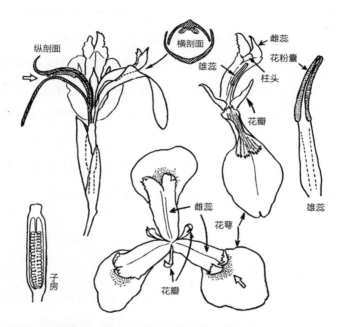

图 10　黄菖蒲的花。分裂为 3 枝的雌蕊分别与 3 枚花萼贴覆在一起，形成 3 个通道。昆虫从箭头指的方向进入，在入口处有很明显的标记。左下图是开始膨大的子房。

还有的花萼上生着鸡冠或绒毯一样的毛。

　　我们先来调查一下庭菖蒲的花。庭菖蒲的 6 枚花瓣中，只有 3 枚是真正的花瓣，另 3 枚实际上是花萼。

　　在比较高级的植物图鉴里会有相关的检索表。所谓检索表的用途就是通过一层一层关键词，从大到小、循序渐进地查找一种植物的名称。日本一般的动物和昆虫图鉴都不会写检索表，这向来是专业论文才有的习惯，所以我们只能依赖（对于写书或用书的人都很）简易的对图法来研习。而对于决心练就一双精于鉴定的眼睛的人，检索表就是必要的了。

在这里，我引用北村四郎和村田源等合著的《原色日本植物图鉴》里的鸢尾科检索表，并稍微进行了修改。虽然有点儿难，但还是请耐心地对着实物去观察，这样才能增强你认识物种的能力。经常搞混鸢尾和燕子花也不要紧，等到把这个检索表好好熟练之后，这些问题就会迎刃而解，自己也变得相当厉害啦。

鸢尾科至各属检索表

一、雌蕊的花柱丝状，与雄蕊互生；花略小，花瓣、花萼形态一样。

　　二、花直径 5～6 毫米；花茎圆柱形，无翅；雄蕊相互分开；花黄色——射干属。

　　二、花小，青紫色或白色；花茎扁平，有窄翅；雄蕊根部紧紧贴在一起——庭菖蒲属。

一、雌蕊的枝呈宽扁的花瓣状，将雄蕊覆盖；花大，花瓣与花萼形态有异——鸢尾属（8 种）。

鸢尾属至各种检索表

一、叶常绿，有光泽，向一侧倾斜，正反面螺旋翻转；花萼边缘有
　　细齿，内面中央有鸡冠状突起；不结果——蝴蝶花。

一、叶冬天枯萎，无光泽；花萼边缘无细齿；结果实。

　　二、小型种，株高30厘米以下；叶薄如芒草，宽2～14毫米，
　　　　倾斜，下面淡色。

　　　　三、花茎分出多个枝，每枝上各有一朵花；花萼内面中央
　　　　　　有鸡冠状突起；花瓣斜向开放；叶下部的叶鞘呈膜质
　　　　　　不呈纤维状——长柄鸢尾。

　　　　三、花茎不分枝，只有一朵花；花萼内面中央无鸡冠状突
　　　　　　起；花瓣直立；叶基部的叶鞘枯萎后呈纤维状——长
　　　　　　尾鸢尾。

　　二、大型种，高40厘米以上；叶略厚，直立，无螺旋。

　　　　三、叶的中脉粗而显著。

　　　　　　四、花青紫色或白色；叶细，5～15毫米；花茎不
　　　　　　　　分枝或偶尔分枝——玉蝉花。

　　　　　　四、花黄色；叶宽，12～22毫米；花茎上端多分
　　　　　　　　枝——黄菖蒲。

　　　　三、叶的中脉不显著。

　　　　　　四、花茎上部多分枝；花瓣小，卵形，端部尖锐；花

萼基部的黄色部分有显著的紫色横脉——山
鸢尾。

四、花茎不分枝；花瓣呈匙状（长椭圆形），直立高
于雌蕊。

五、叶宽，1～3厘米；花萼基部仅中央部分黄
色，无紫色横脉；小花梗短于子房——燕
子花。

五、叶细,5～10毫米；花萼基部大面积呈黄色，
紫色横脉显著；小花梗长于子房——溪荪。

花菖蒲是玉蝉花的园艺改良品种。射干也被种植观赏，用于制作插花。

长柄鸢尾、长尾鸢尾、山鸢尾不太常见，其他的则因为花很大，所以很便于观察。

另外，鸢尾科里的园艺植物还有番红花属、唐菖蒲属、番红花和香雪兰等不同属种。

为什么鸢尾属植物的花都有这么奇特的构造呢？为了让蜜蜂在访花时为它进行准确的异花授粉，紫云英生出了相应的结构，现在比较通行

的解释就是鸢尾属的这种不同特征也是为了达到此种目的。岩波洋造[1]先生对此的解释是：

　　昆虫知道雄蕊到底藏在哪里，所以从通道入口处钻进去找到雄蕊，将花粉收集起来后再从这个小口出来。可是，在这个通道入口处有一片薄片（实际上就是柱头）冲着外面，当昆虫从这里通过的时候，这个小薄片就像铲子一样把粘在它身上的花粉刮下来，接着，雌蕊受粉后就在这里发芽，结出种子。身上花粉被刮掉的虫子在有雄蕊的这个通道里来回走动，又将身体粘满了花粉，这个时候薄片由于朝向不对，无法再将粘在昆虫身上的花粉刮下来。于是昆虫带着满身的花粉去访问下一朵花，再次被薄片刮个干净，所以说鸢尾类的花也不会进行同花授粉，而是通过其他花的花粉来授粉繁殖下一代的。

　　（岩波洋造，《花与花粉——自然界不可思议的行为》，综合科学出版协会，1967 年。细节表达做了修改）

　　那么，到底是什么昆虫来帮黄菖蒲传粉呢？注意一下就会发现，还是蜜蜂比较多，也有隧蜂、地蜂这种小型的访花蜂类造访。不过，因为

---

[1]　岩波洋造，1954 年毕业于东京文理科大学（现筑波大学）生物学系，现为横浜市立大学名誉教授。

71

黄菖蒲的雌蕊和花萼所构成的通道比较松弛，根部有很多空隙，只有像蜜蜂这种淘气鬼才会想办法从这些空隙中钻出来，当然也有中规中矩的从哪里进就从哪里再出来。

或许是黄菖蒲本来对授粉这件事就不太积极，也或许是在它的原产地，有蜜蜂以外的昆虫也会帮它授粉。

你的观点又是怎样的呢？

在日本，我们都知道玉蝉花依靠熊蜂来传粉，也许黄菖蒲这样的花在它的故乡也是如此吧，它那松弛的通道与肥肥的熊蜂体形真的很相称呢。

这样，我们可以通过花与作为花粉媒介的昆虫间的关系，来想象花为了引诱昆虫助其传粉而进化的历史。从只有一朵花零乱地长在叶片边上，到像紫云英那样以轮状结构聚合起来，再到菊科那样紧密地聚集在一起形成头状花序，像这样的过程可以看作一种集合化的进化体系，应该算是效率化吧。进一步来讲，我们看到的紫云英和黄菖蒲的花形成这种特殊的构造，算是一种精确化的进化体系。紫云英的花是一朵花对应一只昆虫的巧妙构造，而鸢尾属的一朵花则分成了可以同时接受 3 只昆虫的构造。植物因为它们分类科属的不同而产生不同的形态结构，或者说，花朵形态的不同由植物自己决定，正因如此，我们能够以这些形态为线索，来正确地识别它们。一方面，昆虫为了更有效率地收集花粉而改变身体构造；另一方面，花也在一步步地进化。

我们把这种两个不同类群间生物相互影响而进化的现象称为协同进化。

我的兴趣并不仅仅是观察花朵表面上的艳丽，还要带着问题去思考，比如一种花需要由什么样的昆虫来传粉，它就应该具备适应这些昆虫的特殊构造。带着这种意识去赏花的时候，那些被人们忽略的花朵，突然间都变得活灵活现起来。

在日本，这方面的研究起步还比较晚，很多业余研究者活跃在这个舞台上。对于此类问题的入门书籍，推荐读田中肇[1]所著《花与昆虫》（1974 版）。因为这个作者有本职工作，并非职业研究学者，所以读起来会比较亲切。

薤白的生殖

当进入梅雨季节后，黄菖蒲的花期就结束了，它的子房开始膨大，结出大大的种子。黄菖蒲不仅通过种子来生殖，它们的根也能生殖。将根从泥中挖出来，就可以轻易地移栽了。同时用种子和地下的茎分别进行有性和无性生殖（将植物体一部分切下进行营养生殖），这对于子孙后代的繁衍和发展是非常有利的。

---

[1] 田中肇，日本花粉学会评议员，长期致力于通过观察花与昆虫间的关系来研究花的授粉系统。

　　当然，还有些植物除了以上两种生殖方式外，尚存第三种生殖方式，在到达日本的时候开始扩散开来。

　　从草丛中伸出细细的白绿色的茎，上面长着一个像是捻着白色薄纸的脑袋的，就是薤白啦。像棉线一样的叶子，横截面呈月牙形，将它揉碎后会有韭菜和洋葱那种共有的气味。有的薄纸一样的苞打开着，中间开着略带紫色的花，也有的并没有花，而是长着疙疙瘩瘩的小鳞茎（球芽、珠芽），还有的从小鳞茎的中间长出丝来，丝的尖头带有小花。小鳞茎成熟之后会掉在地上，成为延续下一代的小球，有的还在茎尖的时候就已经按捺不住性子开始发芽了。

　　在太阳照射下的路边和田埂上看到的都是只有小鳞茎的植株，而在栎树林等背阴的地方，许多薤白开着花。看起来就像是一片小葱头，因

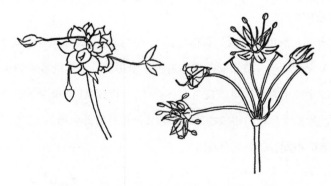

图 11　薤白的花。左图中小鳞茎团上有 3 枝饱满盛开的花，右图中左数第二枝挂着即将成熟的种子

为它跟葱、洋葱、分葱、薤头、韭菜，还有大蒜都是同类，都属于葱属。葱头上会结许多黑色扁平的种子，不过薤白不会这样。

一般认为这是因为小鳞茎终究还是要变成花的缘故，将身体的一部分改变并分离，通过营养生殖产生新的个体。薤白不仅仅通过这样的小鳞茎繁殖，埋在土里的球根也会通过分球的方式进行营养生殖。这样，再加上通过种子生殖，它一共有3种生殖方法。

在日本的《古事记》①中记载的"nubiru ヌビル"指的就是薤白。现在并不清楚薤白到底是日本本土的野生植物物种，还是随着古代农作物传来日本后再本土野生化的。除日本外，中国、朝鲜及蒙古国也有它的分布。

疑似古代从中国大陆传入的植物中，薤白、射干、萱草、石蒜等虽然都已经在日本有野生的种群，但它们都不会结种子，而都有营养生殖的习性。

因为薤白的花太小了，不适合观察，所以这里直接告诉大家，它属于百合科。鸢尾科、百合科还有石蒜科看起来都非常像，找到它们的区别是非常困难的事情。

百合科多具有大而漂亮的花，多用于园艺观赏。如美丽百合、麝香百合、斑点百合、卷丹、郁金香、卜若地、铃兰、猪牙花、风信子、蓝

---

① 日本最早的史书。

壶花、绵枣儿、百子莲、天门冬、一叶兰、甘草类、玉簪类、山麦冬、葱、丝兰、小杜鹃及万年青等。

石蒜科包括孤挺花、文殊兰、雪花莲、鹿葱、水仙花、晚香玉和葱兰等园艺植物。

宅旁杂草——多数是外来物种

在野地生长的 60 种野草，各自间并非没有关系，反而经常为了繁衍后代而和同类有所往来。通过 5 月里飘扬鲤鱼旗的风来相亲的酸模，以及依赖人们饲养的蜜蜂的紫云英，它们都有各种各样的方法来和同类联系，联姻对于野草来说也是外界交流的开始。所以它们会具备各自独特的外形。利用这些外形，我们可以正确区分出它们的种类。

不同种类野草间的相互竞争关系、野草与昆虫间的相互利用关系以及吃与被吃的关系——匆匆瞥上一眼，宁静的春野充满了这样的血腥关系。可是，如果在日本中部以南，你会发现不管到了哪里，春天的田园风光都如此相似，生长的野草种类也都差不多。

由于人类巨大的影响力，这些生物创造出这样的田园环境并一直延续下来，它们与人类的关系，从根本上说，还是因为这些植物都可以同人类一起生活生长。

比如说道路。自然界原本不存在道路，是由于人类频繁地践踏走动，原本生长的野草枯萎，新的也不能继续生长发育而形成的。但是，车前草的个子矮，生长点在地面，叶子被踩踏也一样能顽强生长，所以它就沿着其他野草无法存活的道路边蔓延生长着。

日本的道路边，车前草茂盛的景象也是随着人类活动而建立起来的。这些道路如果不再有人走，被践踏的频率少了的话，那么随着一些生长点高、植株高的植物的不断侵入，这些地方就慢慢变成背阴面，车前草也就因为得不到充足的阳光而死去。

水田和旱田原本都是湿地或森林，为了方便种植而将土地修整成梯形或长方形。

人们经常将田畔上的杂草割掉——这里的土壤肥料充足，所以生长着许多有田埂特色的植物。而农田里经常反复地翻土耕作、收获、除草和施肥，所以也长着许多独特的杂草种类。像这样的田园风光都是因人类活动而出现并延续下去的。

表 A-E 中列举了约 60 种植物，都因与人类创造并延续的环境有联系而生存，也只生长在城镇和乡村的宅旁，因此把它们叫作"宅旁杂草"。

在宅旁杂草里，真正的本土种类非常少，多数是一些外来的归化种[①]和逃逸种，而且由于年代久远，几乎都是没有具体何时传入日本的记载的史前归化种。

---

① 　原产于国外的种类目前在日本国内有自然分布的称为归化物种。

在我们印象中那些令人难忘的构成日本本土田园风光的植物，实际上都是人工雕琢过的，都是以外来种为主的栽培植物和宅旁杂草。是否不仅植物，就连昆虫里的菜青虫，还有鸟里的树麻雀，它们也都是外来物种呢？我开始有这种强烈的想法了。当然，并不是说这些生命不值得被尊重。

那么，本土种类在哪里呢？粗略来说，它们在森林里，在树荫下。春天开花野草有蓬蘽、日本活血丹、香根芹、天葵等，藤蔓植物有木通，树的话有山茶。这些问题对于理解生物的自然很重要，慢慢去思考吧。

严格来说，归化种是指有明确的文献记录的外来物种。如果没有相关记录，古代有史时代[①]以前传入的，通过一些生活现象能够被可靠认定的物种，称为史前归化。实际上，也有在有史时代传入的没有明确记录的外来种。

观察指南

对于种类间关系的问题，与其忙于采集，不如将重点转向观察。首要的是创造一种让参与者们不会相互打扰、可以弯下腰来细心观察的条件，比如限制人数、筛选场地以及确保观察时间，等等。

其次，人多的情况下会破坏田埂，也会把水田里的土踩实，给农民

---

① 指开始有文字文献记载的历史年代。

添加麻烦，所以一定要事先得到农民的允许，也不要忘记跟参与者说明这些情况。用下面这个表述方式会更容易得到理解：

　　住在城市的我们，自己爸爸在公司或者工厂工作挣钱养活一家人。在工厂，有许多机器或工具。如果到工厂参观学习的人觉得某个东西样子非常有意思，就不经允许把它带回去的话，会严重影响生产工作，说不定还会影响你的父亲和父亲朋友的工资。所以，去工厂参观学习的人绝不能这样做，这是一种犯罪行为。

　　而水田或旱田、田埂及田间小道，还有野地或山里，就是从事农业或林业工作的人的工厂和公司。看起来跟生产没有关系的草木，恐怕才是最珍贵的东西。如果把土地踩实的话，作物就不能良好地生长；如果把田埂弄坏了，田里的水就会流出，水稻也不能生长。我们不想因为自己的原因而给农民造成严重的经济损失吧，所以一定要小心动作哟。

　　再次，不要乱扔垃圾。无论是食物、饮料瓶，还是糖纸，所有这一切都要带走，从活动开始，到午餐，一直到活动结束解散，都要牢牢地记住。遗憾的是，这一点对于目前的日本人来说还很难接受，每次都不得不重复强调。

第三章　顺流而下

溯水渠而上

　　孩子们对于小动物的浓厚兴趣是一种最自然的情感表现。在紫云英田嬉戏的女孩子们喜欢摘些花朵来装扮自己，不过男孩子们多少会觉得这样有些无聊，他们更热衷于追逐水沟里的青蛙，抓蝌蚪和小龙虾等。女孩子们被男孩子的举动所吸引，可是自己又不敢抓，于是会听到她们大声叫着："爸爸，快帮我抓住它呀！"

　　生活在紫云英田或草丛里的虫子体形特别微小，而小鸟又不可能轻易捉到，只有这些生活在水里或水边的动物才方便孩子们观察。下个周末赶紧和小伙伴们一起沿着水渠边走走吧。

　　当然，去水边观察也多少要有些准备。按照惯例，我们还是先看看地图，首先找找离家最近的水渠在哪里。

　　如果你家在市中心的话，可以到比较近的郊外寻找。比较大的水渠在地图上一般用蓝色的细线表示，小的水渠则可以沿着图中等高线凹进去的部分来推断水源的位置。掌握了这个技巧，你就能胸有成竹地告诉家人"这个水渠的水应该是从河的这边引过来"或"这个大蓄水池应该就是水渠的源头"，然后带着他们出发啦。记得用手指量一量从出发点到水源地的距离，分开中指和食指，一个成年人的指尖宽度在比例尺为 1∶25000 的地图上差不多相当于实际两千米的距离。

　　工具的话可以用厨房里的竹笼屉（网眼越细越好）和塑料袋（厚一些的），如果再准备一条毛巾就更好了。因为草丛里的植物长得都比较高，如果穿短裤或裙子，草叶蹭到脚腕子会很痒，所以要穿长裤，像牛仔裤以及小孩子的运动裤这些不怕脏的裤子都非常合适。还有，一定要戴上帽子，外面阳光可是非常强的。

　　地里有拖拉机工作的时候，一般都是正在进行翻耕作业。水渠被茂密的柳枝拂挡，农民会把讨厌的芦苇割掉，这样方便把水沿着水渠引到田地里来。而开始插秧的时候，走在田埂上很容易影响别人干活儿，也容易把堆在田埂边的堆土踩坏。另外，每年 6 月 10 日左右开始进入梅雨季节，这个时候由于连日的降雨，河流及水渠都会涨水，水也变得十分浑浊，不仅不适合进行观察，而且也十分危险。所以说，从翻耕到插秧这段时间，也就是差不多从 5 月下旬到 6 月上旬这一个月，是最适合沿着水渠进行自然观察的。

到了水渠边你会发现水是铅色的，浑浊得看不见底，还散发着阵阵臭味，水渠里堆满了淤泥。会不会有种不想再走下去的心情？没关系，沿着水渠继续往上游方向走，越接近上游，你越会发现水慢慢变得不那么浑浊，甚至可以看清水底了，还能发现田螺和小鱼的影子。你用棍子轻轻搅动一下水底，能看到一层薄薄的表面像是白色的泥，掀开它就能看到下面黑色的淤泥，接着再往上走走看吧。

引水渠的类型

根据地形断面，引水渠有不同的设计类型。在平地上最常见的是沟槽型引水渠（图 12 A）。不过，水只会朝更低的方向流去，如果遇到比需要灌溉的水田还低的地方的话，引水渠里的水就全流走了。这个时候要设置一个水位高于田地的简单的堰堤，然后用水车把水渠中的水抬到堰堤里，才能灌溉田地。

当孩子们看到这些堰堤或分流设施的时候，让他们想一想人们为了灌溉农田而苦思冥想出的这些办法吧。我们都知道水往低处流，所以这种类型的水渠里基本一年四季都有水，生长了很多的水藻和水草，以此为栖息地的小动物种类也特别多。

当然，也有为了给下游引水而筑成的水面高于田地面的小型堤坝型水渠（B，B'）。为了越过河流将水引到对面的村庄，也会在河面上架设一些木制或铁制的引水桥（C）。像B和B'这两种堤坝型引水渠和C引水桥在非灌溉期通常没有水，几乎干透，所以里面的生物种类几乎为零。不过在灌溉期还是能看到一些随水进入并不断扩散的生物。

在离水源比较近的地方，比如山地和丘陵，引水渠通常会修筑在山体的崖壁下面，也有修在崖壁中间的。这种崖壁型（D，D'）的引水渠既有曝露在日晒之下的水面，也有被崖壁上茂密的植物遮挡的阴暗面，水底的情况也存在各种变化，所以生物类群会非常丰富。

引水渠的建设，既有先挖土然后将土堆成堆的，也有用石头砌成、

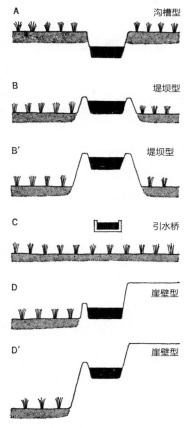

图 12　水渠的类型（断面）

混凝土加固的石围墙。近代不管是渠壁还是渠底都用混凝土来建造的引水渠越来越多了，这种不同时期利用不同方法与材料建设的引水渠，也像是在向我们讲述着一段近代史的故事。

这些引水渠各自不同的建筑方法与材料，同样影响着其底质以及水草的生长方式，所以决定了引水渠里的生物类群是单一的还是复杂的。

比方说，根据枚方市[①]中学的纪平肇[②]老师的调查，如果渠底和岸边全都用土来修建的话，引水渠里栖息的鱼多达 21 种；但是如果把岸边改成混凝土材质的话，鱼的种类就减少到 8 种；而如果连渠底也用混凝土硬化的话，就只剩下麦穗鱼、鲫鱼、泥鳅和虾虎这 4 种鱼了。

靠近居住区的引水渠边上一定有用于排放污水的污水管口。不过，千万别随口说什么"污染水的家伙就是罪人"这样的话，先看看我们自己家里又是怎样的呢？非要这样讲的话，你能拍拍胸脯说你自己不是罪人吗？

当你看到清澈的水面泛起一阵阵涟漪，水底开始有小石头的时候，我们已经接近源头了。这个时候蹚进水里也没什么问题，不过还是要注意水里的空罐子和铁针等，避免扎破脚。

在这里，你会发现青蛙、蝌蚪、小龙虾、田螺以及不同种类的小鱼，

---

① 枚方市，大阪府东北部城市。
② 纪平肇，1936 年出生于广岛县，毕业于关西大学法学部，元财团法人淡水鱼保护协会理事、环境省软体动物调查专门委员、国土交通省淀川水系流域委员。

这对孩子们来说已经是特别开心的事情了。爸爸们赶紧抓住这个能赢得孩子敬仰的机会，大显身手吧。单是利用竹笼屉，就能轻易地抓住这些小动物了。当然，不要苦恼这些小动物叫什么名字，孩子们都知道叫什么。和植物不同，一般人都能根据感觉说出每种动物属于哪个类群。

不过，如果要将它们准确鉴定到具体种类的话，和野花一样也要依赖辨识的小窍门。

比如说到蛙，这里就有包括牛蛙、粗皮蛙、黑斑侧褶蛙（根据地方不同，有的地方是达摩蛙）等等的不同种类，我们却习惯将其全部称为"青蛙"，正如很多人认为青鳉就是小鲫鱼一样，但它们明明是完全不同的两种鱼。

动物的辨识方法将集中在"河里的生物们"一章中介绍。关于寻找水源的话题就在这里告一段落吧。

灌溉的历史

不经意来到了蓄水池边，有一条小水流在缓缓地向水池中注水，沿着它走到山里，又发现另一个水池或是一条有名字的河坝时，你会认为这里就是水源了吧？还是先打开地图，沿着等高线走向密集的地方寻找一下，或许跟你最开始的预想不太一样，因为你忽略了地形（地表的起伏）的细节。

在我住的地方有一条横着的水渠，孩子们经常在那里抓小龙虾。我带着上小学的儿子，和他一起推着自行车沿这条水渠去寻找水源。走了500米左右，我们到了一条河边，开始以为这就是水渠的水源了，但我们只猜对了一半，原来这条水渠有两个水源。我们眼前的这条河是它的第一个水源，在河汇入水渠的入水口处用混凝土筑了一个形状复杂的水门，建这么一个复杂的水门可能是由于这条河的上流是花岗岩质的山，花岗岩受到风化作用会有大量的砂石沉积在水底，而这个水门刚好可以防止河流将这些砂石带入到水渠中。

到了另一个水源的时候，我们吓了一跳，这是一条前方后圆墓（一种古代的坟墓，前面是方形的，而后面是圆形的，故称前方后圆墓）形的沟渠。沟渠分别有两条小的水流汇入，其中一条的上流是一个大蓄水池，再往上还有一个较小的水池。为了更加深入了解，我急急慌慌地去书店买了几本最近刚出的有关古墓或古墓时代的书，但并没有找到有关这个沟渠的具体用途解释。在一本与朝鲜外交史相关的书中倒是写道，"建造古墓不仅仅是权力向平民宣示其政治和祭祀权威的途径，对村庄也起到了灌溉的作用。"关于这个说法到底是不是俗说，我也不太清楚。会不会是从天皇陵引来的水已经不能满足现在新开垦的田地了，所以又开了一个从河水引入的取水口呢？又或许原本就是从河里引水灌溉，而现在人们不再受束于天皇威权压制，所以把皇陵边上的沟渠打通用来引水灌溉了呢?

　　对于村里人，每一条水渠中都隐藏了重要的历史，不过，单纯就水渠的形态构造加以解释并不是我的能力所在。为了纪念大规模新修的水渠以及划时代的改建，许多水渠边竖立了石碑，也许因为刻石碑是一种廉价的工作吧，走在不同的路上时，会发现类似这样的石碑越来越多，试着多注意一下这些见证历史的诉说者——石碑吧。

　　灌溉对于主要种植水稻的民族是至关重要的。在以前的日本，平地上全是一片片的稻田，而用来灌溉稻田的引水渠就像网子一样密布，下大雨的时候这些水渠又起到了临时水库的作用，防洪水于未然。在这些水渠中生活着许多独特的生物，所以说，像"蓄水池＋引水网络＋水田"这样的人为建筑，不仅构成了自然界的无机要素，还是日本生物相①的巨大摇篮。同时，水田的模式给生物们提供了独特的栖息地，也在人们心中留下印记，构建了一种独特的精神文化。

　　可是，这样的风貌正在不断地发生变化。人们失去了种水稻的热情，越来越多的休耕田地里长满杂草，许多蓄水池也被填平了。

　　寻找水源的脚步不能在田园地带就停下，还要继续向河的方向前进。如果只是沿着水渠一路向下走的话，水会变得越来越脏，身体的疲惫以及这些脏兮兮的污染所带来的精神上的不快会越来越强烈，如果纯粹是

_____

① 生物相，反映一定沉积环境的生物群的生态特征。——编者注

为了消遣娱乐，那还是算了，不过，如果是为了一探我们身边这些水渠的究竟，那么尝试一下又如何呢？

　　缓慢流动的水渠与蓄水池里，曾经生活着黄缘龙虱、大田鳖、日本红娘华、负子蝽、沼虾、长臂虾、扁肢副匙指虾，还有鲫鱼和青鳉，它们过去都是孩子们的玩耍伙伴。而现在的许多儿童杂志，仍然将这些可爱的生物在水中游弋的画面刊在封面或图鉴上。然而这早已变成现实中的乌托邦了：看看拦水坝处的桩子，上面卡满了各种塑料垃圾，堵塞河水进入引水渠的入口；水里漂满了垃圾，散发着阵阵臭味，如此富营养化的水中含有大量的氮素，而这样富含氮素的水用来灌溉稻田的话，会因氮肥过量而导致水稻出现很多问题；水池中还漂着死鲫鱼，由于尸体腐败，鱼鳔都从肚子中脱出来，这样的水池里只能见到不足 1 厘米的点线龙虱在啃食着这些死鱼，剩下的尽是违法丢弃的垃圾，笼罩在一片臭气中。

　　如此巨大的水环境变化给我们的日常生活带来了严重的影响。但以上这些并不是本书重点，感兴趣的朋友可以读一读这三本书：《城市毁灭的河流》[1]《守护多摩川的自然》[2] 以及《刻在土地上的历史》[3]。

---

[1]　《城市毁灭的河流》，加藤迪著，1973 年，中公新书。
[2]　《守护多摩川的自然》，横山理子著，1973 年，三省堂新书。
[3]　《刻在土地上的历史》，古岛敏雄著，1967 年，岩波新书。

寻找小溪

就像上面所讲的，这些平原上缓慢流动的水渠或静水池已经不再适合玩耍和自然观察，反而还有被像瓶子碎片这样的垃圾划伤的危险。

现在许多青少年杂志的内容总是十年如一日的各种虚幻题材，着实没什么意思。对于强烈向往着自然观察的朋友，我推荐你去溪流边。你的脑海里会不会还回放着以前山中那涓涓细流的场景呢？由于建造高尔夫球场等，现在破坏之手也在向这些地方伸展。

即使对于溪流，我们还是不太想探索那些与生活没什么关系的。还是去探索一下自家水龙头里流出的清澈的水的源头吧。可以打电话给市政厅的公听课①或水道课②，说明自己的意图——想了解自来水取自哪条河流的哪个地点。当然，同样需要准备好一张地图。

下游

坐电车从终点站出发，透过车窗看到穿过街道的一条河，这种河基本就是臭水沟，河的两岸都是混凝土质的河堤，边上的住户一家挨着一家（图13A），人们产生的所有废物，包括粪水、厨房水、含有大量洗涤剂的洗澡或洗衣服的废水、洗车或洗机器后掺杂着油的水，以及工厂排

---

① 市长热线。
② 自来水管理处。

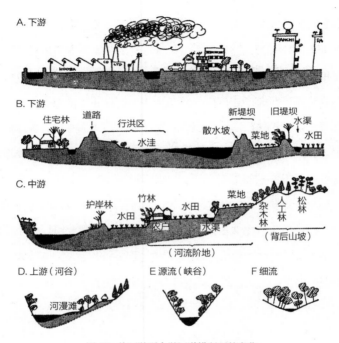

图 13 从下游到上游河道横断面的变化

出的大量废水，最终都汇到了这条臭水沟里，所以你会发现城市里的河水是铅色或黑色的，河底掩藏着大量的垃圾废物。这样的臭水沟，倒推20年还是一条河水清澈、水草茂密的干净的小河，里面生活着沼虾和许多种鱼，还是孩子们戏水游泳的乐园，现在这一切，都是我们这些生活在城市里的人类造成的。

　　像这样的臭水沟一样的河，宽度能达到 10 米，就像网一样密布在我们生活的这片平原上。被河水携带来的大量泥沙，随着近海处水流速度的下降，不断地沉积下来形成了三角洲。由于三角洲朝河流的方向不断被河水冲刷，河流变成两条分流分别注入大海。由于三角洲地带可能因洪水暴涨，河道发生改变，过去人们为了在这里安家而不断筑起堤坝以固定河道，同时还修了许多石墙，方便取水饮用或洗东西，还有为战时防备巷战而修改的水道，这一切随着城市建设计划而不断改建，慢慢形成了我们现在看到的样子。

　　一走出房屋林立的街道，横跨铁桥的时候便能看到整条河，如图 13B 的横断面所示：宽广的河漫滩两侧是高高的堤坝，河水在缓慢流动。从车窗向外看时，只能看到高高的防洪堤坝。在地图上选择一处离河最近的地方下车，便能看到整条河的风貌了，远处是宽广的河漫滩，近处不断抬高的长满草的位置是行洪区，这里有许多高大的柳树。

　　而在堤坝的内外两侧则是茂密的竹林（堤和堤之间有河流流动的区域称为外侧，反之有水田和村庄的另一侧称为内侧），当有双重堤坝时，两个堤坝间则被开垦成菜地。靠外侧的堤坝是人工筑起来的，而内侧堤坝的竹林中混种了许多榉树和朴树，这片树林被称为护岸林。

　　在河滩非常宽的情况下，可以找到许多水洼，这些水洼多是之前旧河道残留下来的，下面不断地有地下水涌出，水洼并不会干涸，所以也是许多生物的乐园。

以上这些便是河流的下游风貌，包括河漫滩、水洼、水湾、草地、堤坝及护岸林等都是进行野外自然观察的好地方。

不过，堤坝常常是丢弃垃圾及分解报废汽车的地方，这里会有许多容易划伤人的玻璃碎片，而且因为采沙作业，河道中会有许多类似蚁狮巢穴般突然变深的水域，经常会有孩子在这种水域溺水，所以为安全起见，还是要慎重考虑在这样的地方活动。

在河流的下游处还建有许多污水处理厂和垃圾焚烧厂，如果与自然观察相结合的话，同样是促使人们思考水环境重要性的社会学习场所。

中游

看到丘陵或矮山的时候，就到达河流的中游了。河岸的两侧或一侧有着阶梯状的地形——河流阶坡。阶地由平坡和较为陡峭的陡坡面组成，有的只有一层，而大多数由 3 层构成（图 13C）。

在缓坡的陡坡处多生有茂密的灌木丛，而平坡处则被人们开垦成水田或菜地，引水渠多是建在陡坡下面的侧边型。由于平坡处的地面也并不是完全水平的，为了保证整个平坡处的田地都能被灌溉到，引水渠通常建在最高处的陡坡下面，在与平坡的田地相接的入水口处会修一些多种多样的拦水设施，用于控制灌溉。

平坡上也会有一些村落，村民会选择靠近边儿上的地方建房子，这是为了方便排水。在略高处的坡地上也会有一些菜地，但最靠上的山脊则被高大的松树或其他杂木所覆盖，这个区域是村民取柴烧炭及割草的地方，不仅可以为耕地提供肥料，也可以给生活提供物资，所以常常被开发利用，看起来就像是秃头山一样荒芜，现在大多被用来作为住宅开发用地。

上游

沿着中游继续向上，河流阶地慢慢消失，河道被两侧更加陡峭的山体挤压变得越来越窄，车子已经不能开进去了，只能下车继续步行前进。河流的一边儿是铺满小石子的河滩，另一侧的斜坡上林立的树丛将水面遮住，光线变得幽暗起来。水流激打在河中的石头上而泛起层层白色的浪花，水温也变得冰凉起来，这就是河流上游的特点了（图13D）。继续沿着河流往上走，山体逐渐变得险峻起来，原本的河滩被陡峭的峡谷所代替，水面被两侧茂密的植被遮住，水流突然倾斜起来，像瀑布一样从大石头上落下，这里就是河流的源流（图13E）。

再向里深入到达山脊处，河道两边的斜坡逐渐变缓，流淌着还不到脚脖子深的涓涓细流，水中还有大量的落叶，非常清澈。这里的水可以直接饮用，如果非要给它也起个名字的话，那么可以称之为"细流"（图13F）。到这里，我们已经掌握河流的上中下游及源流的具体区别了吧。

河流的构造与分类

　　顺着一条河流朝上走，我们已经可以简单地将河流与它两边的地貌分为下游、中游、上游、源流及细流等。可是对于科学工作者，如此表面的区分是不够的。到底什么才是判断所处位置是中游还是上游的依据？必须总结出一个统一的划分原则。

　　可是地质学家对此有着多种难以理解的定义，于是到头来，我们还是脱离不了小学课本般的水准，教大家诸如"水流湍急地撞到石头上溅起白色的浪花，哗啦啦的声音就像河流在唱歌一样"的地方是上游，而"白天有温暖的阳光照在水面上，夜晚则有明月挂在半空，河水悄无声息地流动着"，这便是下游。

　　除此之外，还有一些人改变视角，尝试以生活在水中的一些昆虫的视角为出发点，根据它们生活习性的不同来作判断，进而对河流进行分类与定义。在这方面，日本优秀的生态学家可儿藤吉先生有诸多研究，只是他年纪轻轻便战死，公开发表的相关论文并不多，而他的遗稿集《可儿藤吉全集》现在已经很难买到。还是让我给大家作一下介绍吧，当我读完可儿先生的书，再去远眺河流的时候，发现许多情况竟与可儿先

生所讲的不谋而合。在这里，我很想将
这些惊人的发现分享给更多人。

浅滩与深潭

　　河流不仅被粗略地分为中游或下
游，每个流域还都可以划分出更细微的
部分。如果说存在一个构成河流的基本
单位的话，那么它的构造肯定与河流周
边景观的大地形有所不同，可儿先生将
它定义为浅滩和深潭。

　　河流从山中向平原流淌的过程中，
我们可以选择在中游岸边的小山丘上观
察。河道里并不是都储满河水，而是有
着称为河漫滩的新月形区域。就像我们
手头地图上所描绘的，河道像蛇一样弯

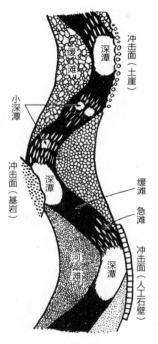

图 14　河流的构造，河流中游
流域的浅滩与深潭的组合关系

曲延伸，流速很快的河水在弯曲的河道中流动，先是撞击到左岸，继而
改变方向朝对面的右岸流去，然后再撞到左岸。

　　在不断受到冲击的那侧河岸，河水被山体的岩壁及砂石阻碍。急速
的河水在这里日积月累地不断冲击着河岸，这个区域被称为"冲击面"。

人们通常会在这里修建诸如石墙或混凝土墙来阻止河水冲击对河岸造成严重破坏，当然这些人为建筑也会受到冲击。蜿蜒流动的河水制造出了弯曲的河道。

在冲击面一侧，有极深的深潭。每一个冲击面都会有深潭。河水在流过深潭之后沿河道斜着穿过浅滩，这个区域的水变浅，流速也变缓，经常有浪花激起。通过调查浅滩与深潭，我们便能知道河流有着许多不同的特性，比如是快是慢，是深是浅，是否有水浪，河底是石头还是沙子等。可儿先生认为浅滩与深潭便是河水的基本构成单位。

河水就是如此与弯曲的河道相呼应，一会儿流向左岸，一会儿又流向右岸，貌似只是单纯地构成了一组浅滩与深潭。如果在这里进一步仔细观察的话，可以发现在通过深潭后，河水流经浅滩时会略微激起一些浪花，然后平稳地向下一处深潭方向流去，在就要到达下一处深潭的时候，又突然激起巨大的浪花。我们将这些浅滩分别称为潭尾的急滩和缓滩，以及潭首的急滩，这便是对作为单位的浅滩的再次细分。

如果再向上游望去，会看到河流并不是随着河水而蜿蜒，也并不像中游的河水那样平滑地流动，而是呈一种闪电形。这个时候我们便可以在河流的拐弯处看到一些浅滩和深潭，形成一个复杂的组合。水流越过横亘排列在河流中的大石头，每个石头间形成新的落差，激起白色的浪花。而水流落下的位置通常河底变深，水流经常在这里汇集形成深潭。

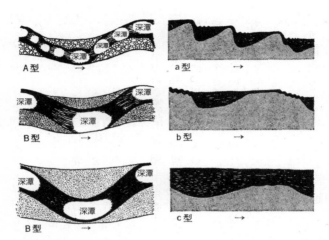

图 15　根据浅滩与深潭的组合对河水类型的划分，左图为平面图，右图为断面图。

每一个冲击面所形成的深潭或大或小，但在冲击面之间形成的小深潭则基本差不多大。

让我们沿着河流向下游走去，这个时候浅滩与深潭的区别并不是那么明显了，非要说有什么区别的话，那就是急滩的部分变短了。随着观察的不断深入，可儿先生提出了以下的判别标准：

首先看图 15 中左侧的平面图，一般情况下，浅滩与深潭的组合有 A 和 B 两种类型。而正如右侧断面图所示，又细分为拥有因落差而形成的急滩的 a 型，以及潭首急滩非常明显的 b 型，而 c 型的急滩则不怎么明显。Aa 组合是上游，而 Bb 组合是中游，Bc 组合则为下游。这样，通过

97

浅滩与深潭划分河流上中下游的方法便讲完了。

可儿先生付出了不同寻常的努力才确定了以上判断标准。京都贵船川的当地人说，为了能够调查清楚，"可儿先生将贵船川里的每块石头都翻遍了"。

下次我们再去外面郊游的时候，试着来实地观察一下 Aa 型和 Bb 型的不同组合，也是一件有趣的事情哟。

河道断面

如果不巧赶上一个下着雨的周日，百般无聊地在家中也不是无事可

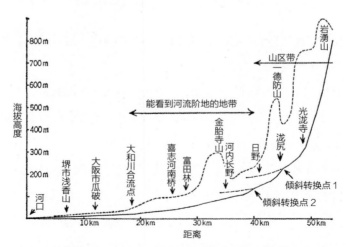

图 16　河流断面图，两岸的山丘高度以虚线表示（以大阪府的石川为例）

做，我们可以尝试绘制一张河流的断面图。

　　先打开一张地图作为参考：从河口一直到上游，每隔1厘米作一个标记。闪电形的上游部分比较麻烦，弯弯曲曲的要用到尺子。海拔高度可以根据地图上的等高线来获取，有山的地方比较容易标记，而像平原这些地方，因为要为堤坝、道路等设立标高点，所以等高线间隔不断变大，我们可以将那些不清楚的地点名称略掉。

　　在文具店可以买到图表纸，在纸上沿横轴将从河口开始的距离标好（如果是1∶25000的地图的话，那么每1厘米的距离相当于250米），竖轴则根据海拔高度划分，将地点标好，然后用线将它们连接起来就可以了。

　　试着将你认为Bb型或Aa型的地点在图表上标记出来。虽说Aa、Bb以及Bc分别集中在河流的上、中和下游区域，但也有例外情况。比如山里的盆地，这个地方会有许多村庄、水田等，在这里可以见到Bc型，而在它的下游则又会出现Aa型。像这样的水流纵断面图，平缓的曲线突然向下弯曲，然后又再次迅速转曲的地方，被称为倾斜界面转换点，这种地方大多包含着地质形成过程中的地形运动历史，涉及的内容比较深奥，在这里我们就不展开来细讲了。

　　通过对河流三种类型的实地观察，会发现有一些很难与三种类型完全贴合的中间过渡类型。可儿先生也认识到，尤其在河流上游经常见到

Aa ～ Bb 的中间类型，他把这类称为 Aa ～ Bb 过渡型。一般把 Aa 型和
Aa ～ Bb 过渡型称为溪流。

堰堤型缓滩

  在河流的下游，人们常年对河堤进行改建，把自然弯曲的河堤修成
直直的高大的人工河堤，但这种河堤在遇到大洪水的时候也会被冲垮。
最近，加快水流入海速度的工程逐渐多了起来，如深挖河床、平整河滩
底面，还有在河中设置物体以使水面产生高落差等。如此一来，原本自
然状态下蜿蜒的河道，虽然还属于 Bc 型，但从平面图看去已经变成直
线，而从断面来看，河道逐渐向人工水渠的沟槽型转变。此处的河水通
常已经被污染，几乎已经变成了一个巨大的臭水沟，极少有生物在此
栖息。

  就算在河水比较清澈的中游，也有各种大大小小的水坝等人工设施
在不断建设。而为了向水田中引水，人们用木桩子和竹子编的竹栅以及
石头等将河流中间截断，这种简单的堰塞设施在遇到大水的时候往往被
冲毁，需要重新修建，所以应该是从日本昭和时代开始吧，各地逐渐改
用混凝土来建设堰塞了。从上游冲下来的一些泥土及砂粒不断地堆积在
堰塞处，把这些堰塞埋住，然后人们又再建更高更大的堰塞，然后再次
被掩埋，像图 15 中 a 型和 b 型那种断面的河流中上游，被重复建设的堰

塞改造成阶梯状的断面，潭首的急滩逐渐消失，变成缓滩与深潭的组合，也就是说断面变成了 c 型。缓滩不会对河道中的小石头产生冲击作用，造成许多本应被急滩冲走的小石头逐渐堆积在大石头的缝隙中，而此前生活在缝隙中的许多小动物就因此丧失了栖息地。这种因建设堰塞而形成的缓滩，由谷田先生命名为堰堤型缓滩。更甚的是，随着水利水电等发展建设需要，越来越多的水坝建设使原本流动的水体变成了大面积的静水，许多栖息于上游流动水体中的生物也失去了栖息地。

河里的生物

在上一章里，我们了解了河流的基本构造，现在你是不是越来越想赶紧到水边去认识生活在那里的动物了？

不要选择去下游水域，因为下游不仅水深，而且由于污染及危险等原因，不太容易直接采集到水生生物，而通过鱼竿或鱼网等工具又需要很好的技巧，况且只能针对鱼类。

选择比中游再靠上一点的区域，这里不仅水浅，物种也比较丰富，很适合一家人一起来进行自然观察活动，不过需要注意的是远离深潭。在地图上找到从山中流向平原的河流，然后在中游阶段找到岸边有山丘的地方，最好选择比住家或村庄密集的地区靠上的区域，因为人类居住密集的地方容易受到污染。而遇到桥的话也要选择更靠上的地方，因为经常有些不守规矩的人向桥下或下游随意丢弃垃圾。

采集工作可以借助厨房里的竹笼屉、塑料袋，如果有小镊子和放大镜就更好啦。不要光脚下水，以免被划伤，穿上人字拖或旧鞋子再下水。

竹笼屉的使用方法

现在，让我们将裤腿挽起来，试着用竹笼屉来捕捉一些小动物吧。不同的地方可以采集到不同的种类，比如：

（1）在水边有杂草或树木的须根密集的地方，将竹笼屉从水下向上不断地摇动抬起，便可以捉到圆弓蜻的稚虫。

（2）水流缓慢的沙子上堆积了许多枯枝落叶，这里面会有石蛾幼虫以及各种蜻蜓的稚虫。

（3）在水流缓慢的泥沙底，将上面一层泥沙挖起（不要挖得太深），便可以收获到小蜉科的幼虫，还有琵琶湖鳅。

（4）在水流快的浅滩处，把竹笼屉放在石头的水流下游处，然后轻轻摇动石头，受到惊吓的吻虾虎鱼便一下跳进竹笼屉里，另外还有鱼蛉的幼虫在这些石头上爬。

（5）将浅滩里的石头抱出来放到竹笼屉里，然后拿到河滩上仔细观察，就能发现上面有很多不同种类的小虫子。

（6）河水上涨会将河滩淹没，水位退去时便在河滩上留下许多小水坑，在这里可以捉到水虿、小鱼或蜉蝣的稚虫。

掌握了这些技巧，哪怕只是在 10 米左右的浅滩甚至岸边，也可以采集到数十种小动物。如果几个家庭一起来，通过小比赛竞争一下，可能会有更多收获呢。随着在不同生境①采集种类的日渐增多，竹笼屉的使用也逐渐顺手起来。为了捉到更多种类，尽可能在不同的生境中采集，所以我们也应当善于思考：动物眼中的环境，与我们看到的有什么不同？

把采到的不同种类的动物放在不同的容器中，比如塑料袋，当然平底小盒子是最好的。我们在举行谷川观察活动的时候，便采用了宫武赖夫的提议：将装草莓的薄塑料盒子排列在河滩上，然后将捉到的动物依据种类放在不同的盒子里，并用马克笔在纸上写上名字，压在盒子下面便于观察学习。

观察一下捉到的这些小动物，你能发现它们一秒钟也不休息，在盒子里爬来爬去或游来游去，即使躯干静止不动，一些个别部位也在活动。它们的头在哪里？向哪个方向运动？是沿着体轴方向纵向移动，还是横向移动？依靠哪个部位在水中行走或游泳？孩子们学习游泳的时候，为了能在水中漂浮起来要练习憋气，这是最难的。所以，孩子们肯定很好奇它们是怎么呼吸，怎么在水中憋气的。

---

① 生境，指物种或物种群体赖以生存的生态环境。——编者注

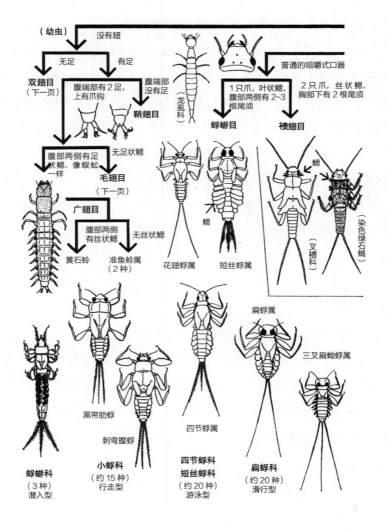

（幼虫）　没有翅

无足　有足

双翅目
（下一页）

腹端部有 2 足，
上有爪钩

腹端部
没有足

鞘翅目

（龙虱科）

普通的咀嚼式口器

1 只爪，叶状鳃，
腹部两侧有 2~3
根尾须

2 只爪，丝状鳃，
胸部下有 2 根尾须

蜉蝣目　襀翅目

腹部两侧有足
状鳃，像蜈蚣
一样

无足状鳃

毛翅目
（下一页）

广翅目

腹部两侧
有丝状鳃

无丝状鳃

黄石蛉

准鱼蛉属
（2 种）

鳃

花翅蜉属　短丝蜉属

鳃

（叉襀科）

（染色绿石蝇）

黑带肋蜉

刺弯握蜉

四节蜉属

扁蜉属

三叉扁蚴蜉属

蜉蝣科
（3 种）
潜入型

小蜉科
（约 15 种）
行走型

四节蜉科
短丝蜉科
（约 20 种）
游泳型

扁蜉科
（约 20 种）
滑行型

（接上图）

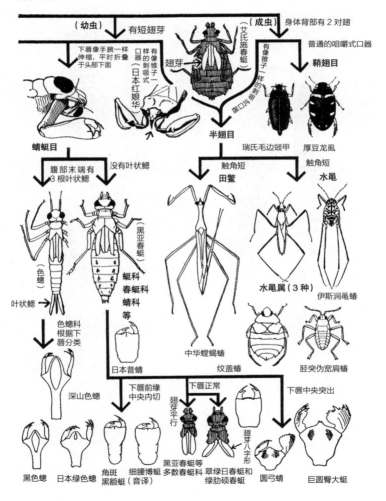

（幼虫） 有短翅芽　　**（成虫）** 身体背部有 2 对翅

下唇像像手腕一样
伸缩，平时折叠
于头部下面

有像锥子一
样的刺锥式
口器
（日本红娘华）

翅芽

（艾氏施春蜓）

有像锥子一样的刺锥式口器

普通的咀嚼式口器

鞘翅目

蜻蜓目

半翅目

瑞氏毛边弢甲

厚豆龙虱

腹部末端有
3 根叶状鳃

没有叶状鳃

触角短

触角短

田鳖

水黾

（黑亚春蜓）

叶状鳃

**蜓科
春蜓科
蜻科
等**

（色蟌）

水黾属（3 种）

伊斯涧黾蝽

色蟌科
根据下
唇分类

日本昔蜻

中华螳蝎蝽

纹盖蝽

胫突伪宽肩蝽

深山色蟌

下唇前缘
中央内切

下唇正常

下唇中央突出

翅芽平行

黑色蟌

日本绿色蟌

角斑
黑额蜓

细腰博蜓（音译）

黑亚春蜓等
多数春蜓科

翅芽
八字形

翠绿日春蜓和
绿肋硕春蜓

圆弓蜻

巨圆臀大蜓

（接上图）

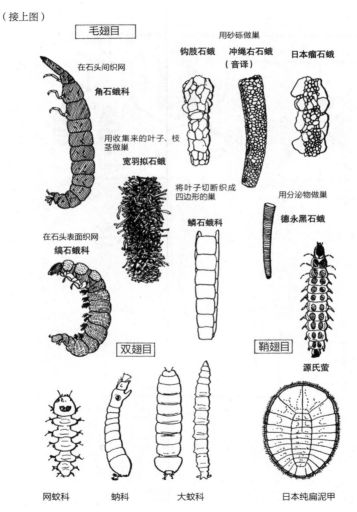

毛翅目

用砂砾做巢

在石头间织网

角石蛾科

钩肢石蛾　　冲绳右石蛾　　日本瘤石蛾
　　　　　　（音译）

用收集来的叶子、枝
茎做巢

宽羽拟石蛾

将叶子切断织成
四边形的巢

鳞石蛾科

用分泌物做巢

德永黑石蛾

在石头表面织网

缟石蛾科

双翅目

鞘翅目

源氏萤

网蚊科　　　蚋科　　　大蚊科　　　日本纯扁泥甲

图 17　图解检索河谷中的昆虫（由于种类繁多，多数只能鉴定到科或属）

　　另外，还有一些动物为了在水流中不被冲走，会通过吸盘或尾巴上的尾钩一样的装置来固定身体，也有一些选择通过不断的游动来抵抗水流的冲击力。钻进水底的泥土里也是一种方法，采用这种方式的小动物的身体通常都非常扁平，长着像鼹鼠一样用来挖泥的手，身上还长着许多毛。总之，每种动物都通过不同的方法来适应水中的生活。

　　还要注意一下它们的嘴巴，这跟它们的食物有很大的关系。与植物不同，当面对动物的时候，我们可以站在动物的立场去思考问题，这或许可算作一种感情移入。在我们之前学习识花认草时，便将这个作为动物比植物更易理解的理由之一。

　　在学习认识春天的花草时，我们需要具备花的结构特征、叶的基本概念等方面的基础知识，在尚未掌握这些基础知识的时候，并不推荐大家直接去学习如何认识它们。对于生活在河流里的动物也是如此，谁也不会把鱼啊贝啊螃蟹啊或是昆虫搞混，只不过想要分清它们具体的种类，那就非常困难了。

生活型与巢的构造

　　人类会使用不同的工具来进行敲打、挖掘及削切，而动物们不会制造工具，当它们想要做什么的时候，只能把自己的身体当成工具来使用。生活在河流中，如果什么也不做的话就会被水流冲走，所以这些动物会通过自己的身体（或身体的一部分）来适应水中的生活，避免被水流冲走。

吻虾虎鱼、网蚊的幼虫会用吸盘固定自己的身体，而蚋的幼虫不仅使用吸盘，还借助细丝一类的东西来固定自己。

利用身体末端的尾钩来挂住物体也是一种方法，齿蛉和石蛾的幼虫会选择这种方法。而泽蟹、水虿以及石蝇的幼虫的足端部有许多粗壮的爪，它们用爪子牢牢地抓住物体来避免自己被水流冲走。源氏萤的幼虫有着柔软的身体，当它在水中的石头缝里穿行时，能屈能伸的身体便可以将自己卡在石缝中。还有一些动物选择在水里不断游动来与水流做斗争，鱼类的鳍以及水黾的足便是用来游泳的工具。

为了在流水这种特殊的环境中生存下去，动物们改变着自己的身体形态，或者让身体某个部位特别发达，或者对身体进行扭曲等。不同动物类群的形态变化各式各样，这反过来也决定了它们的不同种类。

另一方面，这些因适应环境而发生的身体改变也使得它们没法在其他环境中生活。由此，我们将这些生物为适应不同环境而有不同形态的情况称为生活型。随着水流速度的不断加快，与之对应的特殊的生活型也愈加丰富，我们通过肉眼便可以很好地识别出来，因此在河流源流及上游流域针对不同生物的生活型的研究也很深入。

分栖共存生态

水中最引人注目的大型肉食昆虫，要属蜻蜓的稚虫（水虿）和齿蛉的幼虫（水蜈蚣）了。

在河流中游，有许多水虿生活在深潭或靠近水流冲击面的岸边，一些小水洼层积的落叶间也有不少。在这样的区域，岸边植物根系附近生活着足部细长的圆大伪蜻的稚虫，身体一面长着许多毛的巨圆臀大蜓则潜入水底的泥中，呈纺缍形的春蜓类稚虫则将自己身体的一半隐藏在沙子里，在落叶间还有身体扁平的艾氏春蜓的稚虫，这些不同种类的水虿在栖息场所的选择上有着非常微妙的差异。它们在这里静静等待着猎物被困在漩涡中无法逃出，然后加以捕食，所以选择在深潭中栖息。

另一方面，水蜈蚣则多栖息在浅滩。水蜈蚣有着蜈蚣一样长而柔软的身体，适合在石头间穿行。为了防止被水流冲走，它们的尾端有一对尾足，用来钩住物体然后再移动。它们与水虿静待猎物上门不同，喜欢主动寻找食物，因此栖息在浅滩这种地方。

这便是水虿和水蜈蚣这两种大型肉食昆虫在同样环境中的不同生活，而深潭中不同种类的水虿又是一个在更小环境中共同生活的例子。

同样，在以石头上的藻类为食的蜉蝣中也有这样的现象。

举个例子，善于游泳的蜉蝣稚虫有生活在深潭的，也有生活在浅滩处石头背面水流缓慢的地方的；相反，不擅游泳的则栖息在浅滩的石头表面。即使同样不善游泳，身体更加扁平的就选择在急滩中能够被水流直接冲到的石头上生活。像这样在同样流水中，因环境的微妙变化而产生不同生活型的不同种类的情况，称为分栖共存生态。

我们都知道白点鲑和马苏大麻哈鱼只生活在河流的源流，而鲤鱼或鲫鱼只在河流下游才有分布。其实这都是不同生境造成了水温、流速以及淤塞等水文情况的不同，从而产生了不同鱼类的分栖共存生态。水生昆虫中的大型捕食者水虿和水蜈蚣的分栖共存生态，则是由与之对应的深潭与浅滩这样的细微结构区别造成的。再进一步说，诸如不同种类的水虿或蜉蝣在深潭中所处具体方位的不同、浅滩内细微的结构差异这类更细小的生境划分，也都会造成更微观的分栖共存生态。

反过来讲，根据生物不同的生活型，分栖共存的空间也有不同的层次，比如河流是分为上游、中游和下游这样的宏观结构，而深潭与浅滩则分为浅滩中石头的迎水面和背水面等微小结构。理解了这些，我们对于自然的认识便能更上一层楼。

顺应万变的身体与单一的身体

当我们站在岸边眺望时，鱼儿们轻快得如舒伯特的钢琴五重奏般在水里游动，让人百看不厌。有些学者会站在岸边画一条河的示意图，他们甚至连一条鱼在水里游动的轨迹都能细致地画出来。画中的虫子，以及平颌鳢、尖头鲹、香鱼等漂亮的鱼儿，它们在深潭或浅滩里游泳的姿态惟妙惟肖，但一些细微结构差别却被忽视了。不说数量，单说一个场所中生活的鱼的种类就不会有这么多。与此对应的，像蜻蜓、蜉蝣等小型动物，它们可以利用河流中这些细微结构的差异，所以才在一个大环境中有着众多种类。身体的大小与栖息环境结构层次的高低也有关系。

分栖共存生态还有另一方面：一些动物为了适应环境而对身体结构进行极端改变，只能生活在特定的环境中；而另一些动物的身体结构没有发生太大变化，所以它们对于环境能够顺应万变。

没有什么大道理可言，只是对于理解那种把自然界的构造、栖息其中的生物囊括为一个整体的自然观来说，河流是一个非常好的场所。

小贴士

在水潭、河流或池塘等水边进行野外自然观察时，一定要多加小心，强调安全的重要性并防患于未然。本章所讲到的一些内容，适合到靠近山脚下的一些中小型河流的中游区域实地观察（不要太靠近河流源流，那里有太多未知的物种不太适合我们去学习识别）。另外，千万不要随意下河游泳。

季节上，相比夏天，其实选择 5 月上旬更为合适。另外，许多河流因为有人工增殖放流香鱼，一定要向当地的工会长了解一下渔业权管理制度，再确定这个区域是否适合进行自然观察活动。

为了保护物种，应当在确保不会伤害到观察对象的前提下将它们放在容器中观察，并在观察之后放归原处。这样的观察活动可以尽可能多进行几次，可以在当天短时间的观察之后再到同一条河流的下游学习一下，不仅能够了解河流不同阶段的构造差异，也能让孩子们实际感受到河流下游人为污染的严重程度。

第四章　夏野的树林和虫子们

虫子们的家

　　每年的 6 月中旬，日本开始进入梅雨季。这段时间天气总是阴沉沉的，时不时就会下起雨来，水渠或河流里的水变得浑浊，也经常听到天气预报警告会有暴雨。7 月 10 日左右，随着梅雨季的结束，天气开始晴朗起来。这个时候到田野中看看吧，你会惊奇地发现水稻已经长得高高的了，而田埂上、小路边或者空地上的野草更是又高又茂密，一眼望去全是绿油油的。螽斯在草丛中懒洋洋地鸣叫着，还有从不远处森林里传出来的螻蛄的叫声。耀眼的太阳照射着大地，腾起一阵阵水汽，如雾中仙境般美丽，植物们竞相生长着，一派生机盎然。

　　被梅雨一直困在屋内的大人们甚至觉得，这耀眼的阳光晒得让人有点儿不太适应，但孩子们则活泼地四处玩耍，享受着这难得的阳光，知了和锹甲就足够让他们兴致勃勃了。

　　螽斯生活在草丛中，知了在神社边的树林里欢鸣，锹甲则是杂木林的居民。不同的昆虫有着不一样的栖息环境。就像上一章我们观察学习的河流结构一样，地表也存在着不同的结构，与这些自然结构相对应的就是生物们的分栖共存^①。但是，跟一个劲儿奔流不息的河水不同的是，地表上的结构向四面八方不断扩散，空气这种媒介并不像流动的水那样容易被看到。这里面，到底哪一个是宏观结构，哪一个是微观结构，用我们的肉眼太难辨别，但这之中也蕴藏着我们最感兴趣的东西，和孩子们一起，多多交流与思考吧。

蝗虫生活的地方

多数情况下，蝗虫是秋天才会出现的虫子，但有时也会意外地早早看到它们的身影。如果碰上没有梅雨季的年份，6月就能看到飞蝗了。这个时候走在河滩边，蝗虫们就会从你脚下的石块间不断跳向空中，啪嗒啪嗒地向你飞来。你若是仓促地去捕捉，就会发现根本找不出它们藏在哪里，又或是逃到了哪去。这是因为它们有巧妙的保护色。但在它们飞起来时，可以看到它们后翅的颜色颇为鲜艳。

捕虫网会大大提高捕到的概率。但是，看到它们为了逃跑而不惜用尽浑身力气，你难道不觉得自己也应该赤手空拳吗？经历过几次失败后，

---

① 分栖共存，日本生物学家今西锦司提出的概念。指的是两种以上生活方式相似的动物，合理分享各自活动时间以及活动场所的一种共同生存的状态。

你就会了解它们的活动规律，也能更加娴熟地发现它们，提高捕捉的成功率。不过，仅凭赤手空拳还是很难捉到日本束颈蝗。

追几次跑掉的蝗虫，慢慢地就摸透它们到底喜欢生活在什么样的地方了。

蝗虫们喜欢生活在河滩、农道及空地等没有完全被杂草覆盖的裸露地面上，尽可能去找一些及膝杂草不那么茂密的地方，我们可以将这种地方称为微观版的沙漠。当然，并不是说在草深的深山或森林里就没有蝗虫。像刺秃蝗这类蝗虫就喜欢生活在潮湿的森林里，另外还有像雏蝗这样喜欢生活在高山草地的种类，不过还是农田这样的小沙漠环境中的种类居多。

让我们先捉一只跟图例上一样的飞蝗，以此为例，来了解一下蝗虫的身体构造（图 18）。

首先是头部。蝗虫的触角粗短，少于 30 节（数一数吧），而螽斯或蟋蟀的触角则又细又长，甚至超过身体的长度，节数非常多（数清节数几乎是很困难的）。蝗虫的复眼很大，这种触角短而复眼大的昆虫，多数都是依赖视觉生存的昼行性动物。颜面的正下方有一片上唇，揭开它便可以看到左右各两颗黑色的齿，用来啃坚硬的植物茎叶。这对齿就像是我们人类的臼齿一样，可以将植物叶片磨碎（螽斯和蟋蟀的牙就像犬齿一样，端部很尖锐）。由于带动臼齿活动的肌肉附着在颜面内侧，所以蝗

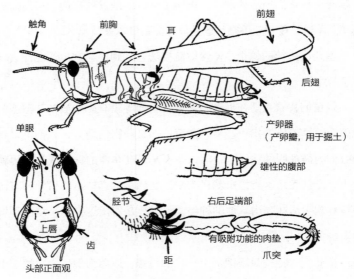

图 18　飞蝗的身体构造

虫的头部像马脸一样很长。

　　接着来看看胸部。蝗虫有着人猿泰山般宽大而厚实的胸膛，即使在沙石这样坚硬的地面上着陆也毫发无损。如此厚实的胸部也是由于里面附着了带动翅膀飞行所需要的肌肉。除此之外，胸部的两侧各有三足，其中后足特别粗而长，可以适应弹跳。带动这些足活动的肌肉也全部附着在胸部。后足的胫节端部有一枚距，它可以对跳跃起到帮助作用。每只足的掌面——也就是昆虫学中所指的跗节——分为三节，最末端一节上有两枚爪突，爪突的中间有像圆形坐垫一样的结构，这样可以帮助蝗虫在草枝上攀爬时不滑落下来。

蝗虫的翅膀有着复杂的结构。将它的前翅打开，就可以见到后翅了。将后翅展开，可以见到如扇子般呈放射状向外缘直直散开的翅脉（这就是直翅目名字的由来）。蝗虫的飞行主要依靠后翅产生的浮力作用，坚硬的前翅就像铠甲一样，更多是为了保护它的身体。云斑车蝗和黄胫小车蝗的后翅有着新月形的黑斑，而日本束颈蝗则有着如绿地般翠绿的后翅。

最后是腹部。蝗虫腹部的样子都差不多，也是分为许多节，主要包含消化食物的内脏。把它的两片后翅打开，可以看到腹部的基部两侧有一对半圆或勾玉形的小孔，这个就是蝗虫的耳朵啦。当有人靠近的时候，它能通过这对小耳接收到地面上的振动，在你还没有接近它的时候，它便逃之夭夭了。雄性的腹部末端从侧面看就像独木舟头一样，而雌性的则有上下各两对犬齿一样锋利的构造，这便是产卵器。因为蝗虫要把卵产在很深的土中，雌性蝗虫产卵时会先用腹部末端的四颗尖齿将土挖开，然后再将腹部伸长，将卵安全地产入土中并埋起来。

看了上面的内容，你便知晓了蝗虫在阳光充足而草木稀疏的环境中觅食、跳跃和飞翔的习性，以及为传播子孙后代而进化出的身体结构。

在草稍茂密的地方，生活着三角形尖尖脑袋的长额负蝗和中华剑角蝗，它们更适应在禾本科、莎草科较为丰富的草丛中活动。

通过下面的表格，我们可以根据头部是尖是圆、是否有"小舌头"等特征来对一些常见的蝗虫进行大致的分类（见下表）。

这里所讲到的小舌头，指的是前胸腹板突，将蝗虫的身体翻过来，腹面朝上，在两只前足中间的突起部分就是小舌头了。

表中带括号的是喜欢生活在草比较茂密的地方的种类，特别是小翅稻蝗和日本稻蝗，它们只在禾本科的草丛中生活。日本内陆的东亚飞蝗生活在河滩和空地上，而对马岛上的飞蝗则喜欢在山区的松林中飞舞，实在令人惊叹。

	头尖	头圆
有小舌头	（长额负蝗）	（日本黄脊蝗） 长翅素木蝗 （小翅稻蝗） （日本稻蝗 ）
无小舌头	（中华剑角蝗）	（黑尾沼泽蝗） 东亚飞蝗 云斑车蝗 ［最近数量减少］ 黄胫小车蝗 日本束颈蝗 ［由于河滩污染而减少］ 绿纹蝗 雏蝗 疣蝗

螽斯生活的地方

没有树荫遮盖的，杂草丛生而难以着手的红薯地、修整过后等待地价上涨准备盖房子的空地，还有堤坝——螽斯们大都生活在这些地方及膝甚至及腰深的草丛里。

可是，当你蹑手蹑脚地接近它，准备将它捉住时，螽斯早就听到脚下草丛的振动声而逃之夭夭了，只剩下从草丛中散出的一阵阵清新的青草气息。与其颇费功夫地抓一只，不如试试钓螽斯吧！在小棍的尖上系一根线，将一小块洋葱捆在线上，将此诱饵放到螽斯跟前，因为螽斯很喜欢洋葱的味道，所以会被洋葱吸引，然后小心地将它引诱出来便可以捉到了。但实际操作中，会因为草丛里各种交缠枝条的干扰而看不清诱饵的位置。这样我们索性就不用线了，直接将洋葱捆在棍尖儿上来钓或许会更容易呢。和孩子们一起屏住呼吸，来享受一番烈日下用洋葱吸引懒洋洋的螽斯上钩的乐趣吧！（据说用葱也可以，但我没有试过。）

如果说飞蝗的栖息场所是沙漠的话，那么螽斯们的家就可以称为草原了吧。不过，说是沙漠也好草原也罢，这可不是广袤的中亚大地，而不过是狭小的日本土地上一个个紧凑的盆景式微缩景观罢了。

螽斯属于螽斯科，在日本大约有 50 种。它们大多数喜欢栖息在草丛茂密的地方，当然，不同种类间也有着细微的差别，比如在水田这样以禾本科植物为主、光线比较明亮的地方会有中华草螽、红脊草螽、日本草螽、长瓣草螽及尖头草螽栖息，而有树荫的地方则会有悦鸣草螽。在长得跟人差不多高的同属禾本科的芒草或芦苇丛中，可听不到日本拟矛螽的叫声，它们跟尖脑袋的中华剑角蝗一样，更适合在叶子和茎更细长的植物间活动。像葛藤这种叶子很宽的草丛中，则生活着翅膀很宽的螽斯种和铃木库螽之类。而在葛藤、乌蔹莓等的缠绕覆盖下高高长出来的草丛、灌木，或被藤本植物覆盖的林缘处，则生活着以褐背露螽为主的露螽类和东方螽斯。在树冠部则有日本宽翅螽斯（包括日本细颈露螽）以及短翅的铃木剑螽，但这些种类由于平时很难见到，所以我们了解得并不多。

相比蝗虫，螽斯更喜欢在草丛中生活。不同种类的螽斯会选择不同种类的植物来栖息，诸如草的高矮、叶的宽窄，乃至是草本、藤本还是木本植物等等，都是影响其选择的因素。就像是河流中的浅滩和深潭，以及深潭中各个部分又不尽相同的微观结构一样，对于螽斯们，或者说包括蝗虫在内的这些生活在地面上的虫子们来讲，不同类型的植物是不是也有类似河流的上游、中游和下游这样宏观结构的区分呢？或者进一步说，不仅仅是对于昆虫，人类能用眼睛识别出的陆地生物与景观，它们最原始的结构又是什么样的呢？这个问题似乎很难轻易地为读者朋友解答，我们还是继续读完下章后再好好思考一下吧。

自然结构之草的高矮

纺织娘和草螽这类螽斯栖息在比较低矮的草丛中，它们的产卵器有点像略弯的日本刀。这种产卵器可以刺入土中，并产下香蕉状的卵。而生活在离地面较高处的镰尾露螽和日本螽斯，则有着像青龙刀一样非常弯且短的产卵器，可以割破植物的茎叶，并在其中产下扁平的卵。也就是说，镰尾露螽和日本螽斯不是从成虫而是从卵期开始就已经远离地面生活了。对于螽斯们来说，它们眼中自然结构的不同应该就取决于这些植物的高矮了。

那么，又是什么决定着植物的高矮呢？让我们先从草的高矮入手来了解一下吧。

春天里，开着花的植物长得都不高，几乎是贴着地表生长，而夏天的植物则开始不顾一切地拼命生长。虽然还有像萱草这样开着朱红色小花来点缀大地的植物，但还是少了许多鲜艳的颜色。春天的花和夏天的草，让我们从这些一年生植物（一年一代，与之相对应的是多年生植物）出发，思考一下刚刚的问题吧。

怕热的植物通常秋天发芽生长，即使寒冬里也能缓慢生长，并在春天开花，初夏的时候就枯萎了，种子脱落并掉在地上等待秋天发芽，这样的植物当然长不高啦，我们管这种植物叫冬型一年生植物（也叫越年草），比如我们常吃的小麦就是冬型一年生植物。

与之对应的是惧怕严寒的植物，它们在春天里发芽，并在夏季的高温里拼命生长，在晚秋的时候结出种子，并以种子的形式越冬，称为夏型一年生植物，比如我们常吃的水稻。生长期不同而发生的气温与生长量的差异导致了这些植物高矮不同。当然，这些只是一年生植物，如果是多年生植物的话，情况会更复杂一些。

关于藤本植物

夏天的田野里并不光有只会往高处长的植物，还有一些会缠绕乃至覆盖住其他草木的藤本植物。这些藤本植物与春天匍匐在地面上生长的蛇莓和匍茎通泉草不同，它们喜欢缠绕在别的植物的枝条上，并不断向上生长，是一类比较特别的植物。

在"春野之花"一节中，我们已经了解了植物的茎、叶及花不同的排列形式所形成的不同结构，以及这些不同组合的叫法。夏日里的藤本植物也遵循着这样的规则。既然之前已经有一定的经验了，现在就让我们试着用这些知识来探究一下夏日里的藤本植物吧，细节部分交给图鉴，这里我们先认识一下藤本植物的主要特征。

野葛

要说藤本植物里数量最多的，那一定是野葛了。它们铺满堤坝、空

图 19　野葛

地，缠绕在树枝上，有时就连 10 米高的树枝上也能见到它的身影。折下一根枝条，我们来好好观察一下它。

茎上密布着褐色的小毛，从茎上长出的叶柄表面同样长满了毛，叶柄上有 3 枚小叶。叶柄在茎上左右互生，根部很肥厚，像个瘤子一样，在这个瘤状物的左右各有 2 枚长长的菱角形的小片，这是它的托叶。野葛的托叶并不像其他植物一样只朝着端部，而是一边朝向端部，一边朝向根部。在叶柄的端部长有 3 枚小叶，每枚小叶就像长着犄角的饭团子一样。左右两边小叶的柄粗，就像是连接着叶柄的关节，在连接处长有 2 枚小刺。而中间小叶的柄则比较细，在连接小叶的部分边缘逐渐变粗，在连接处同样长着 2 枚小刺。这种互生并有托叶就是豆科植物的特征了，而小叶与叶柄连接处有关节样的节也是豆科植物的特征之一，只不过在野葛这种大个子身上更容易识别出罢了。

那么，野葛这样的藤本植物，它们有什么特点呢？如果只是粗略地观察，往往很难发现。以野葛为首，还有两型豆、野大豆、野扁豆及红小豆，这些藤本植物与其他的豆科非藤本植物非常相似，那些非藤本的豆科植物没有的结构，好像在它们身上同样看不到。这样我们很容易就想到，如同生活在溪流里的小动物都有适应环境的身体构造一样，藤本植物也应该有类似的结构。动物与植物难道不都是这样的吗？我们通过野葛和野大豆的生活型便能想到藤本植物应该都有弯曲的茎，目的就是缠绕在别的物体上生长。

乌蔹莓

还有一些藤本植物与野葛这样的豆科植物不同，它们有明显为了攀附缠绕在其他物体上而生的结构——卷须。像葫芦科的各种瓜以及葡萄科的葡萄等，都是用卷须替代卷曲的茎来攀附物体的。

相比于野外偶尔能见到的野葡萄，我们更容易发现的就是乌蔹莓了。乌蔹莓有伞形的花房，开着粉色或橙色的小花，就像一根根立着的蜡烛一样，在这之中也混杂着草绿色的花骨朵。这种可爱的小花在没有庭院的人家的房前屋后也会茂盛地生长，所以也被日本人称为"贫乏葛"，意思是长满这种植物的地方多数是穷人住的，因为他们买不起庭院。可是孩子们并不会在意这些，经常用乌蔹莓玩过家家。

乌蔹莓的卷须也是从茎中生长出来，与叶对生。叶分为 5 片小叶，小叶的边缘呈锯齿状。

在夏天生长的藤本植物中，也就只有乌蔹莓有这些性状，所以你一看

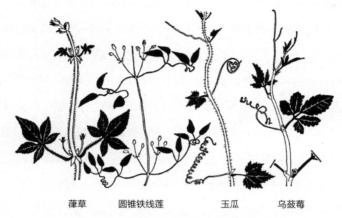

葎草　　　圆锥铁线莲　　　玉瓜　　　乌蔹莓

图 20　藤本植物。为了攀附而拥有不同的结构

到就能立马说出它的名字（野葡萄的叶虽然向内深切，但并不分成小叶）。

　　仔细观察乌蔹莓的卷须，它的端部分为两枝，长枝继续向上生长，而短枝则与长枝呈一定角度的偏斜。在两枝分开的地方，有一个约一两毫米长的爪片。那么，乌蔹莓的卷须到底是它的枝条，还是别的结构变形而来的呢？在"春野之花"这章中我们已经学到，植物的叶从茎中长出，根据叶的生长方式可以分成互生、对生与轮生，而从叶的腋芽处伸出来的则被称为枝，这是区分草的叶和茎最基本的方法。

　　那么，乌蔹莓的这种卷须要么就是原本枝条的一种变形，要么就是叶的变形。

　　我们用肉眼就能看清乌蔹莓的托叶像小爪子一样夹在叶柄的左右两侧，所以没有托叶的卷须肯定不是通过叶的变态而来的，应该是枝的一种变态。

　　根据植物学的解释，卷须确实是乌蔹莓真正的枝条，并不是什么枝的变态。在卷须二分位置的那个小爪片实际是它退化的叶。从这根枝（卷须）的叶腋处生长出来的腋枝会不断地变粗，看起来是主枝，但实际是合轴分枝。这种解释听起来非常难以理解，但我想强调的是，从枝——叶互生——腋芽这样最基本的形式出发，藤本植物的主要目的是缠绕在别的植物上不断向高处生长，以获得更充足的阳光进行光合作用，乌蔹莓在这一点上已经获得了成功。这种为了适应生存而在形态结构上出现的变化称为适应形态，而乌蔹莓的卷须与合轴分枝这种形态变化就是适应形态的一种。

玉瓜

　　玉瓜的卷须也是一种枝的变形。它的叶没有托叶，腋芽从叶腋处长出，而不是从卷须的腋处长出。

　　玉瓜、栝楼、日本雀瓜的卷须并不分枝，盒子草则分成两枝，而像刺果瓜以及一些人工栽培的瓜类，它们的卷枝会分成很多枝，对于葫芦科这些植物卷须的不同分枝方式，不同的植物学家也有着不同的解释，对于我们这些非专业人士来说很难理解。

圆锥铁线莲

圆锥铁线莲又与之前提到的种类不太一样。它的叶子分成 3~5 片小叶，最顶端有一片小叶，剩下的分列左右，形成羽状复叶。它的每片小叶的叶柄都卷曲缠绕在别的物体上。因为这种特别的形态，即使在它还没开出白色小花的时候，也能一眼认出这是毛茛科的圆锥铁线莲。

还有一些藤本植物并不具备特殊的攀缘器官，直接用茎卷在物体上。

通过判断叶的对生或互生、是否有小叶、叶的边缘是内切还是锯齿状、叶脉的分枝方式、是否有托叶、捏碎后是否有白色乳液流出、茎和叶柄处是否有反向生长的刺、表面光滑还是有毛这些性质，我们已经能够推测出这是哪一类植物了，但如果想鉴定到具体种类的话，不去观察它们的花及果实是不行的。

通过这些观察，一个值得思考的问题浮现出来：这些藤本植物为了适应生存而产生的适应形态的共同点是什么？

葎草

古人们在和歌"门前茂密的八重葎"中所唱的八重葎指的并不是现

127

在的猪殃殃，而是葎草。不仅仅是空无一人的庭院，就连河堤与荒地上也能看到它们蔓延的景象，所以葎草多少会营造出一些荒凉的感觉。如图 20 中所示，它的叶对生，有 4 片结实的托叶，茎上有向下长着的尖锐的毛刺。茎虽然可以用来缠绕，但缠得并不紧。葎草是一种非常常见的没有卷须的藤本植物，我们可以就此获得一点线索。

除了葎草之外，就其他同样没有卷须的藤本植物而言，包括我们刚刚讲到的野葛，这些藤本植物的蔓和叶柄上的毛或刺，以及更加结实的叶柄基部、叶柄与茎之间的角度，这些不都是为了更好地、紧紧地攀附在其他植物或物体上而进化出的性状吗？所以说，无论是为了缠绕而卷曲的茎，还是茎的节与节之间距离的加长，虽然我还不能给出很好的解释，但或许，将这些不同性状结合并作为一种适应形态以更好地发挥缠绕于其他物体上的能力，也是藤本植物所形成的独特的生活型吧。

著有《进化论》的达尔文曾经详细研究了上百种藤本植物的缠绕习性，他在发表的论文中认为植物是沿着"围着支柱螺旋向上生长的牵牛花——有卷须的瓜类——叶柄弯曲的圆锥铁线莲"这样的方向进化的。那么，你们的观点呢？

这些藤本植物有一个共性，就是它们都在夏天开花。一定有人反对说："木通、金银花以及紫藤难道不是从春天到初夏开花的吗？"别急，先来想一想，这些在春天开花的藤本植物都有着多年生的粗壮的茎，也就是说它们都是木质藤本植物，先开花再展开新叶（也有同时长叶开花的）。而我在书中介绍的这些藤本植物则与之不同，它们就像商量好似的都在盛夏里开花（野葛和葎草的花期多少向初秋偏移），这是为什么呢？

这些藤草植物需要缠绕在其他生物或物体上来获得更大的空间生长、开花、结果，并为传播种子寻找更好的条件，所以春天开花的话，它们就无法获得充分的营养来生长。

反过来讲，如果想要为传播种子获得更好的空间的话，一定要耗费不少时间，所以春天发芽的它们，无论怎样也得到夏天才能有更好的机会传播种子，这也是受生活形态制约的草质藤本植物的宿命吧，当然这只是我个人的理解。

而对于木通和金银花这些多年生的木质藤本植物，它们的营养器官在春天里已经有足够的空间生长，所以春天就能开花了。

杂木林

林子边缘或河堤边上的树，以及缺乏护养的小树苗，经常会被野葛或玉瓜缠绕得密密实实的，就像被套上衣服一样。夏天开车经过的时候，从车窗向外看几乎看不到什么缝隙，而到了秋天，随着这些藤本植物的枯萎，这些树木就像被盖上了一层污污的面罩。这些藤本植物群落就像人穿的衣服一样，在林缘边生长茂盛，所以又被称为林缘群落，这里面的褐背露螽和日本似织螽都非常多。这与光线充足、有风拂过的干燥的草地有着明显的不同，当你钻到这片植物里时，瞬间就觉得周边的光线暗了下来，也没有风吹了，空气也变得湿润起来。这就是原生林和次生林与河滩和草地之间首要的不同点。光线的明暗、空气的干湿、有风与否这些物理条件，在树木繁多的原生林中表现得非常明显，而树木贫乏的次生林中，如果有发达的林缘群落的话，那么这些群落的背阴处也会有类似原生林的这种特性。

原生林和次生林的第二个特点是，它们有着多种多样的植物群落：比如地面上会有丰富的青苔、蕨类、苔草以及紫金牛这样的矮草，杜鹃这样的低矮灌木，茂密的苦竹，还有一人多高的枸木，会绊脚的菝葜，野山茶一样的略高的灌木，在树干及树枝处生长着地衣、伏石蕨、瓦苇这样的附生植物，还有像紫藤这样的藤本植物。就连新手也能一眼看出它们的不同之处。

当然，也有与上面描述的不一样的树林。树林最重要的特点是要有松树、壳斗及栎树这样的高大乔木，如果只有藤本植物或矮竹这样的低矮灌木的话，既称不上是原生林，也谈不上次生林。所谓"树林"，形象一点说就是地面上有许多高大乔木的景观。

那么，什么是木本植物？乔木又是什么？

虽然很容易理解它们的区别，但准确定义则是件非常困难的事情。

在第一章"识花认草"一节中我们认识了蒲公英和繁缕，它们被称为草本植物，想一想木本植物与它们相对立的特性，再算上藤本植物，按照草本——藤本——木本不同生活型的层次差异去思考。不过，在藤本植物里既有乌蔹莓、玉瓜这样的草质藤本植物，也有像紫藤、木通这样的木质藤本植物，所以在给"木本植物"下定义的时候多少还是要严格一些。

另外，还可以按照草——灌木——树这样的不同高度来定义，可是树里一样有杜鹃、柃木、松树、杉树、栎树和壳斗这些高矮不同的种类。

青冈栎的枝

让我们以原生林和次生林中都比较常见的青冈栎为代表，来回答一下之前的问题吧。

先折下一段青冈栎的树枝，或者其他的栎树或壳斗类的树枝都行，你会发现与你从远处观望的不同，树枝上缠绕着许多蜘蛛的巢，叶子表面有像烟灰一样的脏东西，树枝上还爬满了叶螨或介壳虫。别在意这些，先来仔细观察一下吧。

枝条上有茎和叶的区别。枝条端部的叶子把小枝包成了一个球形，而下面背阴处的枝条则呈水平方向生长，叶子也不是只从茎的左右两侧长出，而是从茎的圆形剖面的各个方向长出。无论从哪个方向长出来的叶子，都受叶柄弯曲的调节而呈水平方向。垂直于地面的从根部一直长到顶的新枝上的叶子也是从枝条的不同方向长出，这样是为了获得更多的阳光。

　　同时，因为与许多树木（同株的、他株的、其他种类的）混生在一起，叶片也相互交错，所以为了提高获得日照的效率，青冈栎的每枚叶片的角度也各有不同。不过，叶片的角度并非通过叶在茎上的着生方式，而是通过叶柄的弯曲来调节的。

　　但这也并不是树的本性。就像草一样，树的叶柄基部也有芽，只不过当叶长出来时，没有草那么明显的节。仔细观察节的位置，你会发现枝条与茎节间有许多条状的纹路，更有意思的是从这里分出了许多小枝。

　　这些条状的纹路是什么呢？直到最近，我也没想明白栎树上的这种结构到底叫什么。于是我请教了冈本素治先生，答案令人惊叹：这些条状的纹路实际是芽残留的痕迹。七八月的时候，栎树的冬芽还没有完全长出，就在枝条的端部像疣子那样凸起来，冬天记得再来观察一下。就像图 21 中所示的样子，冬芽被一层层的鳞片包裹起来，这些外观看起来尖尖的鳞片状的结构实际上是叶的一种变形，它们保护着敏感而脆弱的生长点不被严寒与干燥破坏。来年春天继续生长时，这些鳞片就会脱落，然后留下条纹状的轮，年复一年就形成了这样一个一个的轮。

　　所以最靠近端部的轮就是上一年冬天的冬芽留下的痕迹，而从这个

冬芽

今年春天新长出来的枝条

去年春天的枝条

去年冬芽的痕迹

前年冬芽的痕迹

图 21　青冈栎的枝条（越冬态）

轮开始的枝就是今年春天新长出来的部分。以此类推，第二个轮就是前年冬芽的痕迹，而在第一个轮与第二个轮之间则是去年春天长出来的部分，数一数这些轮的数量，你就能知道这根青冈栎的枝条有几岁啦。

　　像这样枝条端部年复一年接连生长的特点，我们在草本植物身上是看不到的，这是木本植物即树的第一个特性。然而并不是说枝条每年不断生长就叫树了，那些横在地上的藤草们的枝条也会年复一年不断地向前生长，但它们并不能被归到树里面。对于树的定义，我们还要加上"多年生"以及"直立生长"这样的条件。除此之外，为了支撑不断生长的枝条，老的枝条还要如树干般不断变得更加粗壮。茎干为了增强硬度生出了丰富而发达的木质部。

我稍微讲了一下有关树的定义，不过绕来绕去感觉还是讲得不够清楚。推荐大家阅读保育社出版的彩色自然指南——堀田满所著的《山野之树 I. II》。这本书简明扼要地介绍了日本常见的树种及其识别方法，第一册是针叶树和单叶互生的阔叶树，第二册是叶对生或轮生的一些较为复杂的阔叶树以及竹子、矮竹等。另外，第一册还针对草与树的区别、树形的决定因素，以及树的皮与叶的特征等给出了新的解释。

读完推荐的参考书后，你对这些概念会有更深的理解。

生活型社会

树不断地向上长，越来越高大，但有些树，如茶树、杜鹃等虽然每年也在生长，但它们顶多长到 2 米也就差不多了。乔木的冬芽基本都位于离地面 2 米以上的位置，换句话说，乔木与灌木的区别在于冬芽离地面的高低。由于原生林和次生林是由许多高大乔木组成的，我们也可以将这些有着相同生活型的乔木称为"生活型社会"，与蓟、蛇莓等草本植物的生活型社会——草原相比，景观完全不一样。

不光是外表的景致不同，由于构成森林的不仅仅是乔木，林下还有包括灌木及草本植物在内的各种不同生活型社会组成的复杂群落，作为多种生物的栖息之处，森林与沙漠和草原有着完全不同的特性。

下面的表格中列举了森林与草原不同生活型社会的一些特点。

	草原	森林
明暗	接近地表，能得到充足的日照	由于树冠部的遮挡，林下缺少阳光，光线暗
干湿	通风良好，较干燥	由于有树冠部及林缘群落的遮蔽，内部空气很少流动，湿度高
高低	低	高
层落	单层（单一的生活型社会）	多层（复合的生活型社会）

由藤本植物的生活型社会构成的林缘群落居于草原和森林两大生活型社会之间，原本范围很狭窄，可是由于人们对森林的不断砍伐以及对次生林缺乏管理，这种林缘群落的范围在不断扩大，或许这也是露螽这样的昆虫数量越来越多的原因吧。

前面提过"从虫子们的角度出发，它们眼中的地表结构是什么"这个问题了，那么现在也不多绕圈子，对于直翅目的昆虫，它们栖息的地表结构应该是：适合蝗虫生活的如沙漠或半沙漠般的河滩或裸露空地——适合螽斯生活的草原——适合露螽生活的林缘群落——适合日本螽斯生活的森林。

但是，森林里生活的并不仅仅是日本螽斯，还有生活在森林内部（落叶层）的芒灶螽这类大型的直翅目昆虫。森林里有许多高大的乔木，所以具备多层次的空间特性。对于昆虫们来说，树冠部与落叶层两者加在一起才是森林。如果将林缘群落这样的小型栖息场所忽略掉，是否就可以说它们的栖息结构由蝗虫（沙漠）——螽斯（草原）——日本螽斯和芒灶螽（森林）这三个最基本的部分组成呢？另外，河滩又分为日本束颈蝗栖息的沙石地与飞蝗栖息的稀疏草地，而草地又分为悦鸣草螽喜欢的禾本型植物和日本纺织娘喜欢的广叶型植物，每一层结构都能继续往下不断地细分。

接下来，让我们通过观察孩子们都特别喜欢的独角仙和锹甲来了解森林更多方面的知识吧。

哪里有独角仙？

经常有年轻的父亲问我："到底哪里才能找到独角仙啊？"他们经常被孩子缠着去山里找独角仙。可是别说独角仙了，连一只锹甲也找不到，父亲们的自信心全没了。

采集独角仙并不适合在夏天，冬天比较合适。在地图中山麓的位置上寻找带有圆角短棒的标志，这些地方有许多阔叶林，靠近村庄的杂木林便是最好的地方。在杂木林的山涧中有许多稻田或菜地，这附近人口较少的村落就是我们要找的地方了。在林缘的菜地边经常堆积着许多麦秆之类的堆肥，这里就一定有独角仙。不过，并不是那种长角的成虫，而是白白胖胖的幼虫。

翻开一些还没有长菌类的朽木枝条，能够找到几十甚至上百只的独角仙幼虫。独角仙的成虫就在这些朽木或堆肥里产卵，孵化的幼虫则要在这里取食生长，度过秋、冬和春三个季节，并在里面化蛹，在第二年的初夏羽化变为成虫。独角仙成虫是夜行性的，白天它们躲在落叶堆下，晚上爬到树上舔食树干渗出来的树汁。当然，如果是在比较茂密的树林里，由于光线比较昏暗，即使白天也能看到独角仙和日罗花金龟与胡蜂一起挤在树干上舔食树汁，不过对于带着孩子的父亲们来说，并不适合钻到这种地方去寻找观察。

比较聪明的孩子们掌握了这些窍门后，一大早便冲向杂木林，并在树根下刨来刨去寻找独角仙。最近，一些新建的住宅区都离杂木林不远，所以一到夏天，林子里的栎树下面就被孩子们刨个底儿朝天，孩子们欢笑着："找到啦！"对这些孩子来说，谁能更早到达栎树边上，谁就已经算稳操胜券了，所以他们总会早早起床跑去找独角仙，晚上回到家再做作业做到很晚。

去年（1973 年）5 月，我曾见到一位少年在神社边一棵枯死的大树根下刨东西，正当我要问他现在找独角仙是不是还为时尚早时，令我惊讶的是，他居然刨出了一只幼虫，然后又把幼虫埋了回去。原来，他每周都会骑自行车来这里观察，实在是令人敬佩！

在这里我想说的是，独角仙是如何利用森林这样的环境生活的。沉积的落叶堆、枯死的树枝及因台风或雷电而倒下的朽木，独角仙的幼虫们就以这些腐殖质为食，而成虫则在树上寻找树木因受伤而流出的树汁。独角仙们就在腐殖质层——树干这样的立体空间中完成一个生命周期。锹甲也差不多，不过它们的幼虫并不喜欢腐叶堆，而是更偏向于栖居在朽木里。锹甲的成虫不仅会舔食流出的树汁，还会在树的伤口中掘洞并钻到里面越过寒冬，寿命可达两年。像扁锹和日本大锹这些比较擅长钻洞的种类，它们的身体已变得更加扁平，且有两颗圆弧形的大牙，这都是为了适应生活而演化出的特殊形态。

回过头来继续说说独角仙的事儿。我一直在怀疑，独角仙真的是日本非常珍稀的昆虫吗？现在农户都会准备越来越多的堆肥，也造成了独角仙数量的大爆发。一到晚上，许多独角仙被灯光吸引来，围着电灯转来转去，以雌虫为主，可能这些雌虫正在寻找合适的产卵场所（散发出气味的堆肥）吧。而成虫觅食的"食堂"——杂木林也并不是天然的，一样是农户们为了维持生活而种植的，所以无论是成虫还是幼虫，独角仙真是一种会利用人工环境来繁衍后代的昆虫呢。

独角仙和锹甲喜欢生活在枹栎、麻栎等落叶性的栎树上。栎树根株的萌芽能力非常强，许多被砍断后的桩子上也会长出几棵新的细细的茎干。从前人们为了生活而砍伐树林，只有这些根株再生力强的种类才能残存下来，这也是杂木林里多是栎属的原因。

杂木林不仅可以给人们提供柴火和木炭，树下的杂草也可以当作堆肥的原料。对于人类的生活而言，杂木林就相当于煤田，而对于农业生产来讲，杂木林又相当于肥料厂，所以人们才会对杂木林进行持续的养护。不过这些杂木林并非原生林，而是次生林。

同样，为了获取建筑或家具的原料，人们种植了大量的杉林、柏林、松林和竹林。所谓的乡下风光，就是平原及缓坡上遍布水田或菜地，而丘陵和山坡及崖面等比较陡峭的地方则生长着松林、竹林或杂木林。

与眼前种满水稻、小麦、芋头或萝卜等草本植物的"人工草原"一样，远处山上的次生林也属于"人工森林"。

推荐大家阅读四手井网英所著的《原始林和次生林》，以及沼田真所著的《植物们的生活》。

小贴士

夏天远足的机会很多，所以在这里特别提一下孩子们着装和随身携带物品方面应当注意的事项。

无论离家多么近的山里，都是与我们的日常生活完全不一样的野外了。我们在家里会置备许多设备或工具，但在野外如果没有准备好的话，可没地方去置办。一些必需品尽量让孩子们自己带上，全部让父母帮着背的话就有点儿过于溺爱了。上了小学高年级的孩子最好每个人准备一套，包括便当、水壶、零食、纸巾、毛巾、常用急救药以及现金、观察工具和地图等。从准备到装包，尽可能让孩子们自己动手，养成良好的习惯。

由于到野外要带许多物品，相比手提包，更推荐大家选择双肩包，尽可能选择空间大、肩带宽和兜多的。如果是比较便宜的简易式背包的话，最好在背包靠背的一面放上旧的报纸或杂志，一来可以起到支撑靠垫的作用，二来还可以在制作植物压制标本和四角纸袋（参照图 27，见第 176 面）时用到。

另外，尽量戴上帽子，穿长袖衬衣，可以把袖子先卷起来。裤子当然也是长裤了，虽然许多妈妈觉得穿短裤或裙子更漂亮，但这样的穿着在野外不仅行动不便，还容易受伤，所以尽量穿不怕脏的运动裤或牛仔裤，裤兜越多越好。穿一双比较合脚的鞋，可以买稍大一号的，鞋底厚一些，鞋尖不要太窄，宽一些的比较舒适。

工具的话，像镊子、放大镜和小铲子之类的比较容易丢失，最好在上面系一根红色的绳子，如果太小的话，就用长绳子系个小扣。另外多准备几个厚的塑料袋，在很多地方都能派上用场。

第五章　扫墓的生态学

墓地——沙漠的微缩景观

　　每年的农历七月十三至十五是日本的盂兰盆节，人们在十三日那天通过点燃迎魂火的方式迎接逝去的祖灵回到自己身边，十五日是盂兰盆日，十六日再点燃送魂火将祖灵送走。在这个假期里，受雇于商户的雇工们总算可以从百忙的工作中解脱出来，放假回家了。盂兰盆节每年在公历中的日期都不一样，有时在 8 月初，有时要到 9 月。最近，固定在每年新历 8 月 13 日至 15 日这三天放盂兰盆假。在城市打工的人们在假期大规模返乡，也就是所谓的"民族大移动"。每年也就这一两次的机会，所以大家都在忙着给家里的亲朋好友置办特产。

　　人们为什么要返乡呢？有一种说法是能见到从小便一起玩耍的老相识；另一种说法是能够追忆祖先们生活居住过的山河，以及自己少年时代的一些过往；还有一种说法是希望回到故乡追溯自己的出身，找回更加清晰的记忆，找到不同于现在久居城市而变得浮躁的曾经的自我。

老家在乡下的人们每年都回到乡下扫墓，城市中长大的则到陵园扫墓。而因为需要工作或者买不到车票，又或是有孩子要照顾等原因不能回乡扫墓的人们，看到新闻中返乡扫墓的报道，瞬间就能忆起自己少年时代在故乡扫墓的场景——经常在扫墓时兴奋地捕捉知了。

虽然很怀念故乡，可是在炎热的夏天到墓地扫墓并非是件令人愉快的事情。8月里，炙热的阳光照到墓碑上，石头上散发出阵阵热气，一边对着已经逝去的老奶奶的墓碑喃喃自语，一边往石碑上泼水，也是希望老奶奶能够感到一些凉爽吧。

墓地的景象——一片狭窄的土地上林立着众多石塔、枯萎的鲜花，还有狭小石缝间顽强生长的杂草，好像与什么很相似。在我看来，这就是城市的缩影。当然，我并不是想表达城市就是人类的墓地这种无聊的讽刺意味，只是在生态学上，城市和墓地是有相通之处的。

从地表被什么样的生活型的植物所覆盖这个角度出发，便可以作出判断：如前一章所述，被高大乔木群落覆盖的地方为树林，而与之对立的地表植被匮乏的地方则是沙漠。（被草本植物覆盖的地方是草原，但草原并不仅限于中亚地区，同样沙漠也不仅限于戈壁或撒哈拉。）看看我们身边的城市，被混凝土、柏油及钢铁占据着，充斥着如此多沙子一样的无机物的地表，在分类意义上便可以归为沙漠。也许你会反驳我，一些老旧的建筑屋顶上不是长满了青苔吗？还有街道上，不是还有花坛和行道树吗？不过，照这样比方的话，沙漠里一样有绿洲或者些许的草啊地衣啊或青苔之类在生长嘛，实际上问题的关键是植被的覆盖率。如果有机会从天空或者高高的瞭望塔上俯瞰我们的城市，可以试着目测一下到底有多大覆盖率的"绿色"。

　　乡下又是什么样的呢？连绵不断的稻田被水稻覆盖着，田埂边道路边到处是第一章提到的各种草本植物，完全可以把这样的景观划分为草原。如果沿着堤坝走，还能看到以榉树和朴树为主的河林，而引水渠边则散生着柳树、榔榆，稍高一些的山坡台地上则散落着灌木丛，还有镇守林等。按如此高的植被覆盖率来算的话，这里恐怕称得上是热带稀树草原了，是不是脑中立刻浮现出了非洲草原的景象——河岸林沿河流呈带状生长，其余地方是大片大片的草原，草原上长着几棵像雨伞一样的猴面包树，羚羊、狮子、长颈鹿和非洲象在草原上踱步。乡下的景象与这多少有点相似，不仅有许多绿色植被覆盖，还有牛啊马啊之类的牲畜在田间溜达。

　　借鉴地表上这些依据植物的生活型而进行的笼统分类，如森林、草原和沙漠等，乡下可以算是稀树草原或草原，而城市则为半沙漠或沙漠。按照这样的归类方法，被石塔和铺路石所覆盖的墓地，连裸露的土壤上的草都被除得干干净净，也算得上是一种小型沙漠——岩质沙漠了。

　　这些石塔好似城市里的公寓，而刻有文字的墓碑则像是广告牌，功德水则像游泳池，零星的杂草如同城市中难得一见的绿色植被或行道树。而且墓地大多被农田所包围，墓地通常都背靠森林，这有如现在整个日本城市化进程中，农村逐渐减少的一个缩影。

　　我们从城市中暂时逃脱出来，在墓地又与其现实的象征相会。

　　日本处于温带多雨地带，尤其在西南地区现存的这些原始植被，曾经是大片的森林，后来因为农耕活动的出现，草原不断扩大，又因为工业的发展，出现了名为城市的沙漠。因此从历史上看，人类主要的生产活动都导致地表出现了相对应的生活型植被。森林的草原化、沙漠化这些地表景象，从内部结构上看，就是一种简化，也可以视为一种衰变。可以参考下页我整理的一个简单的表格来加以理解，不过这个表也许并不太适用于关东以西的低地区域。

　　如果现实真的和这张表描述的情况一样的话，那么构成各种生活型社会的植物种类，必定是与各时代的人类生产活动相关联的：有些种群数量会相应增长，有些被引入日本，还有一些物种则会发生性状的变化。不过，日本学界对这方面还没有进行过系统的整理，目前还是正说与俗说鱼龙混杂的状态。

　　下面我们来稍稍跑题一下。我们还是从身边这些最常见的生物说起，作为本章"扫墓的生态学"的内容延伸，来思考一下它们的由来吧。

层次		第一阶段		第二阶段		第三阶段
自然类型		原始自然		农村自然		城市自然
主要植被覆盖类型		森林	稀树草原	草原	半沙漠	沙漠
主要生产活动		采集、狩猎	旱田耕作	水田耕作	农业＋工业	工业
扩大时期		旧石器时代～绳文时代（？）	绳文中期（？）～中世	中世～近世	近代	现代
当前布局	急斜坡	山地	山村	平地农村	城市周边	城市中心
亚阶段	IA	IB	IIA	IIB	IIIA	IIIB

鼠妇——城市自然的入侵者

农历七月十三这一天，在庭院南面用石头堆一个简单的台子，用来点燃迎魂火。在涂成朱红色的八寸小碗里铺上干的莲叶，往切成小方块的茄子里装入米粒和水，然后供起来。将细松木条用两三根稻草绑住，然后点燃，如果想用同样的钱买更多的材料，可以用麻秆来代替松木。在战争年代因为很难买到麻秆，人们才开始用松木。这些工作都可以交由孩子们完成。

通过燃火的方式向祖灵们发出信号，这很容易理解。人们汗流浃背地拍掌，感觉逝去的亲人们的灵魂穿过 8 月的天空又回到自己身边来。不过，那个切块的茄子到底是什么意思，到现在我还不太理解。

根据柳田国男的解释，盆棚的供品中的茄子被称为"水子"，把它和米一起煮出味道，然后放在十字路口用来供奉给没人拜祭的逝者，剩下的一点再分给附近的邻居吃。这个工作通常由年长的女儿指导小女孩们做，是女孩子们很喜欢做的一件事。这就是"精灵饭"，或者叫"盂兰盆过家家"，据说是过家家游戏的起源。

我们家从便宜的木制二层公寓搬到有狭小庭院的公营住宅后，大女儿到了玩过家家的年龄，时常为爬进小树脂碗里的鼠妇而惊讶，还以为是菜和便当的装点之物。

环视一下周围，无论是住宅房的地上，还是花坛的砖块周边，都有很多鼠妇，用手一碰，它马上就变成一个圆圆的球，孩子们经常叫它"球虫"。女儿对鼠妇说："不要在沙砾般的米饭上走！"然后用手把它捏回到樱花上。鼠妇的行动非常缓慢，是孩子们小时候最好的游戏对象，不过在父亲们的记忆中，童年并没有这种虫子。

我小时候生活在山村中，从家到海边的县厅有 30 千米的距离。因为一天只有一班汽车往返，所以就用马车把盐、

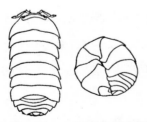

图 22　鼠妇。右侧为缩成球状的样子

沙丁鱼和豆饼等物资运回村中。偶尔有卡车路过时，朋友们喜欢闻柴油燃烧后的味道，所以总在卡车后面追着闻，在车子爬到坡顶时，才松开抓住卡车后面装货台的手，但往往在中途就被司机发现而遭受呵斥。大概这就是离城市很远的小村子的生活吧。家里用来堆肥的小屋里也会有潮虫，但它在受到刺激时并不会缩成球形，所以我认为鼠妇是属于城市的虫子。

　　如果将自然分为原始、农村和城市三种自然型的话，鼠妇应该属于城市自然型中的一员，当然这只是我个人的直观感受。

　　在国际生物学事业计划（IBP）对日本各地原生林的调查中负责潮虫、鼠妇等陆栖等足类调查的恩藤芳曲博士谈到，如果在山中采集到鼠妇的话，那一定是在旅馆等人工建筑里找到的，进而言之，就是说它们只会出现在平坦的农耕地，属于耕地生态系统中的次级消费者。当然，在次生林或原生林中也栖息着等足类，只不过不同的种类与特定类型的林床紧密结合在一起。与土著等足类不一样的是，在有耕地的地方就一定出现的鼠妇，是因为人类对自然的干扰而入侵的种类。或许，鼠妇本身就是一种外来种，在原来的日本并不存在，入侵到城市后才变作归化种，现在又在农耕地中逐渐地扩大生存范围。通过查阅文献，也能为此找到一些旁证。神奈川县三浦郡长井町在关东大地震以前就生活着很多鼠妇，但它们只存在于海岸沿线到海边的沙丘上，以杂草的根茎为食。

虽说在远离海岸靠近山的地方多少也会见到，但还不至于到危害农作物的程度。关东大地震后的第二年春天，鼠妇开始在烟草苗地里为害，每年的危害程度都在提高，范围也在扩大，逐渐作为蔬菜花卉害虫而广为人知。昭和五年至昭和八年，沿海一带有为害情况，但没有山坡那一面严重。昭和五年至昭和六年在东京的田园调布[①]、昭和十年左右在玉川[②]上野毛[③]开始发现鼠妇，在大正末到昭和初期，鼠妇通过从神户运来的垃圾和苗木而入侵到冈山县。

横滨海运局植物检查课的岩本嘉兵卫博士在1943年（昭和十八年）对日本等足类动物进行汇总时，曾在前言中写道：

众所周知，陆栖等足类是重要的农作物害虫，在日本主要栖息于温室、玻璃房和苗床等地，室外以为害蔬菜、花卉为主，常常造成很大的损害。除此以外，它们还随着植物运输的传播逐渐扩大为害范围。时至今天，我们植物检疫部门发现的数十种外来物种里，鼠妇算是繁殖力与危害程度最厉害的，在植物检疫中最受关注。

根据岩本博士的记录，鼠妇是与方鼻卷甲虫和球形虫属一起混杂在

---

① 田园调布：位于东京都大田区。
② 玉川：又称玉川地域，是东京都世田谷区的五大区域之一。
③ 上野毛：东京都世田谷区的一个町。

船载货物里入侵到日本的。

海岸有其独特的生态系统。被海浪打上来的海藻堆积在海岸边，这些海藻当中，包括岸边小石头下面，以及沙地的杂草间都有一些独特的物种，从外观来看非常相似，难以识别。学界对于鼠妇是否为外来物种的问题含糊不清，并未认真对待，这也是原因之一吧。到现在这个问题也没有得到解决，而日本的陆栖等足类的分类、分布及生活史等方面的基础性研究也依旧落后。连最基本的物种识别的依据都没有，探索自然的脚步也很难前进。

去年夏天，我才真正感觉到鼠妇这种外来种的栖息范围在不断扩大。公园里新建了一家博物馆，屋子里的许多地方都能看到各种死虫子，其中数量最多的就是鼠妇了。从7月到8月仅仅两个月的时间，就发现了501只鼠妇，其中有些还活着。它们都是从门缝里钻进来的，由于室内的干燥环境脱水而死。在建筑物外墙壁以及翻出的红土缝中，也能看到很多活的鼠妇在爬来爬去。

也就是说，鼠妇喜欢在地表近乎裸露而非森林那般覆盖了大量植被的环境中繁殖，如城市的公园、田园中的建筑规划用地等；虽然对农作物有危害，但它们为害的并非传统谷物，而是近郊种植的蔬菜及花卉这些城市型作物；对于鼠妇来讲，混凝土建筑物是它们新的家园，它们的侦察能力很强，能够快速定居在新的建筑物中，用生态学的术语讲，就是一种扩散性很强的物种。鼠妇具备这种强大的侦察能力，又可以适应人类改造后的环境，所以才能不断扩大自己的分布范围。

我将这些感想以文字的形式发表在博物馆的科普杂志上，很快就收到许多读者的来信。

流经大阪府丰中市和兵库县尼崎市市界的猪名川在椎堂、富田的周边呈S状蜿蜒曲折。为了防止水患，人们对河道进行改造，将原有的曲折河道改为直线状，以前迂回的河道不再有河水流过，这块土地不再适用于河川法，恢复了私有权，于是丰中和尼崎两市便计划将这块土地承包出去改造成住宅用地。沿岸边散步时，偶尔能赶上为响应冈野锦弥先生"不要砍伐岸堤边的自然林"的倡议而开展的市民运动。虽然没有濒危珍稀物种生活在这里，在学术上也没有什么重要研究价值，但它们与大阪平原所剩不多的位于城市边的冲积地一起构成的独特生物相与自然景观，就已经为保留它们提供了理由。

记忆中，这次市民运动我因为有事而不能帮忙，还被冈野先生责备过。

如图23所示，猪名川原先蜿蜒的旧河道两边还残留着河堤A与B，河堤包围着的农田被认为比条里制[1]遗址更加古老，而因河水泛滥不断重建的河堤也有相当的年岁。在田地和残存的旧猪名川河水形成的水池的

---

① 条里制：日本古代土地划分方式。

阻隔下，河堤 A 提供了一道防止周围陆生生物入侵的屏障。"猪名川自然与文化保护会"上作为少年活动指导的柳乐先生在报告中曾提到，他让孩子们分别在河堤屏障内的苦竹林缘群落、杂草群落、朴树－美商陆群落、朴树－细叶樟群落、野梧桐－天竺桂群落、粉葛林缘群落、裸地、河滩、池边、水田、田间小道等不同环境中设置两个装腐肉的瓶子，便能诱集到许多昆虫，但见不到一只鼠

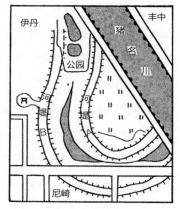

图 23 猪名川的变化
河堤 A 与 B 间的区域是猪名川原先蜿蜒的旧河道（据柳乐，1974）

妇。而同一天在河堤 B 的三处地方设置的诱瓶则诱到了鼠妇，其中两个地方的诱瓶据说诱到了数百只鼠妇一样的虫子。根据这个结果，柳乐先生认为鼠妇可以作为一种标志环境破坏程度的生物。这正与我的"鼠妇入侵说"有异曲同工之处。

柳乐先生的这个调查是在 1972 年 8 月进行的。两年后，这处河堤被挖掘机削掉近一半，河堤 A 附近建了两个垃圾焚烧厂，周边堆积了许多垃圾。虽然接到了追踪调查的请求，柳乐先生也没有心情再继续这个地方的生物调查，后续结果也很糟糕。

一个物种到底是本土种类还是外来种类，或许能从一些个人体验中得到启发。我的故乡——那个小村子——本来并没有鼠妇，假如能清晰地回忆起，就是去那个挨着海岸的小镇上旧制中学时，才第一次见到鼠妇的话，也许就能更早确定鼠妇是一种外来物种了。可是毕竟过去太久了，到底是在哪里第一次见到鼠妇这种东西的，我到现在怎么想也想不起来，也许是因为对等足类并没有什么兴趣的原因吧。

这些等足类的小虫子似乎与日本人并没有什么缘分，不仅少有诗歌提到它们，就连浮世绘也未曾描绘过它们的样子，而且在搞研究的学者中也没有什么人气。不过，如果更多的人能够将自己第一次见到鼠妇的记忆记录下来的话，也许就真能描绘出鼠妇入侵、传播以及扩散的情况了呢，这也是大众参与科学研究的一个方法。当然，最基本的物种识别能力绝对是不可或缺的，连物种都搞不清肯定是不行的。所以，研究人员必须推进物种分类的调查研究，并推广正确的鉴定方法。

我认为，作为一个外来物种，鼠妇首先入侵并定居在港口附近的海岸边（也就是沙漠的自然），然后向半沙漠的城市及近郊扩散，现在又向农村（草原的自然）不断地扩散。当然，我的这些推论不一定正确。

蓁菜

在以农业为主要生产活动的 19 世纪，因为农业生产的需要，草原的自然面积不断扩大，许多外来种首先入侵到农村，然后再扩散开来。蓁菜和石蒜便是很好的实例。

在第一章我们已经以蓁菜为例学习了如何了解植物的名字：这种植物在仲夏时节开黄色的花，还结果实，经常有菜粉蝶过来造访并在上面产卵，幼虫们便以蓁菜的叶子为食。夏天没有种上圆白菜和萝卜的田里，菜粉蝶主要在这些野草上产卵，幼虫们把叶子啃得光秃秃的，直到秋天才能恢复过来。

我曾调查过菜粉蝶和与它很像的黑纹粉蝶及暗脉粉蝶的分布情况，那个时候蓁菜主要生长在村里和田边，还有路边人为活动比较多的地方，山上及林子里则没有。蓁菜称得上是宅旁杂草，而以它为食的菜粉蝶则可称为宅旁昆虫。虽说在宅旁和路边之外的河滩上也会见到蓁菜，但相比说它是从河滩这些原生环境入侵到村落的，我觉得相反的推论更加合理。

如果说宅旁才是蓁菜的根据地，那么原始时代的日本并没有诸如耕地、路边野地、村落以及人工荒地这些伴随人类活动而产生的环境，也就不会有蓁菜这种植物，由此可以推测，蓁菜是随人为活动而入侵的。但是一般的图鉴或与植物有关的书籍上，并不会写明蓁菜是一种外来植物，甚至连一丝怀疑都不会表露出来，这与我的那些直观推测真是截然相反啊。

最近，我终于找到薤菜是否为入侵物种这个问题的关键了。在一个云集了许多蝶类研究学者的会议上，我发表了自己关于菜粉蝶和薤菜的一些观点，高仓忠博先生给了我几个非常值得思考的建议。

高仓先生的母亲出生于明治三十一年，从幼年到二十多岁一直生活在石川县七尾市，在当地据说有两种东西都被称为"楠吧"，在吃的里面指的是七味唐辛子，植物里指的就是薤菜。大家都知道，"楠吧"是从泰国、菲律宾等地传来的东西，因此也可以理解为，当地人认为薤菜是一种外来植物。

高仓先生的母亲为什么能这么清晰地记得这些关于薤菜的事情呢？应该是小时候经常拿它当过家家游戏的材料吧。

虽然关于薤菜在七尾开始扩散的具体时间还没有什么确凿的资料可查，但我们也许可以根据不同野草的名字在不同方言里流传开来的时间来进行推算。明治以前的农业文明时代，也正是农村的草本生活型的扩大期。薤菜最开始在农村一带扩散，然后向城市、山林（通过河滩或山路传播）逐渐蔓延。

石蒜

进入 9 月中旬，田埂边的小路上便开满了石蒜（也叫彼岸花、曼珠沙华）的小花。就像它的名字一样，石蒜开得最繁盛的时候也正是秋分[①]：泛黄的稻田中点缀着一列列红色的小花，虽说并不算特别华丽，却像水龙头倾泻一样洒在田里，也很悦目呢。根据生长位置的不同，堤坝、引水渠或墓地周围的石蒜花期有早有晚，不过到了 10 月便全都褪色，败了下去。

今年 9 月末，我到盛冈出差时，还从车窗外偶尔见到开放着的石蒜。在京都和东京这些高楼林立的地区，还是有许多装点着石蒜的华丽色彩的田园风景，不过从上野乘新干线东北线出发，出了东京就再也看不到了，石蒜应该是只属于西日本的花。

根据前川文夫博士的观点，我认为石蒜并不是日本本土物种，而是从中国大陆传来的。第一个理由是，石蒜只出现在村落，在自然的森林中并无分布；第二个理由是，日本的石蒜都是三倍体，只开花不结种子，而中国大陆华中地区的二倍体石蒜则可以结出种子，通过这些，便能推测出它们原本生活的地方。另外，目前石蒜只分布于西日本这种情况也可以作为旁证。那么它是如何从中国大陆传播过来的呢？前川博士的父亲说三重县的人会把柚子用石蒜叶包起来保存，他从这儿便得到了启发：

———————————

[①]　日语中彼岸指节气的分开。

从中国引入竹子和白薯等通过营养器官繁殖的植物时，石蒜会不会就在这些植物的球根或根上残留着，被一起带入并在日本生根发芽呢？当然，也有反对石蒜外来说的，还有一些人并不认为石蒜是作为包装之类的保存材料传入日本，而是通过海上漂流传来的。一些人为了反对海上漂流传入说，甚至做起了海水浸泡实验，总之各种争议不断。

把石蒜的根茎刨出来看看，是不是很像水仙的球根？堤坝等经常被雨水冲刷的斜面上往往能见到裸露出一部分球根的石蒜，用手指便可以简单地刨出来，它在日本曾经是非常重要的食物原材料。

石蒜的球根中含有一种被称为石蒜碱的有毒物质，不用水冲洗个七八次，你是吃不到它丰富的淀粉的。所以据说在饥荒年代，石蒜是一种救灾用的食材。但我觉得，把它当作日常食物的年代应该也是存在过的。

在德岛县三好市山城町的开垦地，当地老奶奶们有一个多年的习惯便是栽种石蒜的球根，一些学者询问她们为什么要种这些石蒜，老奶奶们的回答是：这是从祖上传来的一种习惯，也说不清为什么。也许这是一种为了应对频繁的饥荒而遗留下来的习惯吧，我们有必要体验一下以前的生活是多么艰苦。我生活的村子在山城町以东五十千米外，祖父小的时候，作为对别人帮忙挖石蒜球根的回礼，每年都会把混合了面粉的糍布罗团子放入重箱（日本的套盒，食盒）送人。糍布罗在德岛指的便是石蒜。直到现在，虽然不再有饥荒，但还是有些人热衷于吃这种东西。与中农或富农不同，学者们并不太容易了解原本生活在山中的贫农的生活状况。这或许是由于学者本身的家境而导致的认识上出现的偏差吧。

其实，我想说的并不仅仅是石蒜、鼠妇和蕨菜，而是希望更多不同职业和不同地区的业余学者能够层出不穷地一起来发掘不同人对于自然万物的个人体验，并将这些不同的体验综合在一起，重新审视日本人的出身以及生活上的知识。

关于植物与日本人相互影响的历史的相关书籍，推荐阅读《日本人与植物》[①]。

镇守的森林

鼠妇、蕨菜及石蒜并不会入侵到森林中，因为森林会将外来物种拒绝在外，这是为什么呢？关于森林，在前一章只是简单学习了作为人工次生林的杂木林。早前生长在日本的那些原生林在我们身边已经没有了。如果知道了什么样的森林才是原生林的话，那么对于生活型社会的历史变迁，沿着原生林——次生林——草原——沙漠这样的次序，便可以全部理解了。

哪里才有原生林呢？如果多花点儿功夫，便可以在我们身边找到，

[①] 《日本人与植物》：前川文夫著，1973 年，岩波新书。

这就是方便进入也方便观察的神社森林——神社林。这里树荫浓密，可以尝试在 8 月盛夏时节开展自然观察活动，展开自然观察的课题。

在神社的前殿附近活动还是很舒服的，可真要进到林子里的话，马上就开始有蚊子不断骚扰，被咬得奇痒无比。相比夏天，秋天可能更舒服一些，不仅没有蚊子，而且到处结满了各种各样的果子，好不热闹。

先打开地图，试着找到所有被红圈圈住的鸟居[①]，你会惊讶地发现居然有这么多的神社呢。比如我所在的奈良县，或许是当地的风俗习惯吧，在 1:25 000 的地图上，光是，亩旁山[②]附近就有 143 间神社，地图上还可能漏掉了一些小神社，所以实际上神社的数量比这个还要多，全日本有 11 万多间神社，不得不说，我们的国家是一个充斥着神社的国度。

不过，这 11 万多间神社还是在政府采取了一定的削减措施下的结果。

明治时代，全日本有 195 000 余间神社，明治政府在明治三十九年（1906 年）开始推行对神社实行国家统一管理，将多余神社合并，力求实现一村一社的目标。当时的村镇数量是 12 000 个，也就是说要将神社数量减至近二十分之一。实际上，三重县的神社从 10 411 间合并减少到 989 间（一成）；和歌山县从 3 772 间合并减少到 879 间（两成）。相应

---

① 鸟居：类似牌坊的日本神社附属建筑，代表神域的入口，用于区分神栖息的神域和人居住的世俗界。

② 亩旁山：位于奈良盆地南部。

的则是有财政支援的官币社和国币社的数量增加（从明治四年的 97 家增加到昭和二十年的 218 家），以上措施都是为了达到神官官僚化的目的。

南方熊楠[1] 强烈反对这种神社的合并政策，主要理由就是由此带来的植物学和民俗学上的损失（从表面上看）。14 年后，也就是大正九年（1920 年），贵族院做出了"合并神社无益处"的决定，合并也就此终止。这期间，据说共有约 80 000 间神社因合并而消失。（这一数字源于 1974 年后藤总一郎[2] 所著《常民的思想》）。

依靠地图在临近住处的地方找几家神社，这时就可以发现，森林也有它独特的个性：树林的规模很小，而且为了给孩子们提供玩耍的地方，被人为维护得非常细致，以至于地面几乎裸露，林下几乎没有一棵野草。这种地方虽然很适合作为休息的场所，但并不太适合用来作自然观察的对象。相反，那种林下长满了野草，有稀稀疏疏的高大树木的社丛林[3] 则非常适合，虽然它有种让人不想踏入的感觉。

应当用以下标准来衡量社丛林的状态：

林下覆盖着厚厚的落叶，地上生长着像紫金牛这样的低矮的野草，四处都有东瀛珊瑚之类的低木。这一切虽然被高大的乔木所遮

---

① 南方熊楠（1867—1941）：日本近代杰出的生物学家、民俗学家。

② 后藤总一郎（1933—2003）：日本政治思想史学者，明治大学政经学部教授。

③ 社丛林：类似于风水林，是指为了求好风水而特意保留的原生树林。

盖，但也层落有致，既有略矮的山茶这样的小型树木，也有构成林冠层的栲、栎及香樟等大型树木，树木上的附生植物也非常丰富。

将这样的社丛林判断为状态良好的森林的原因是，这种植物群落构成与西南日本低地的原生林非常相近。原生林的特征就是包含不同性质的生活型社会所组成的复合生活型社会，而且包含的生活型越丰富，原生林也就越"成熟"。

原生林的复原

在因农业发展而持续耕地化的平原，以及城市化不断加快的地方，已经基本难以见到未受到人为干扰的原生林了，仅能通过社丛林残存的资料（不包括地下埋藏的化石）来推断这些地区的原始状态。

无论是多么贫瘠的森林，里面都有许多神社，将这些社丛林与周边的环境作比较，总能获得意想不到的发现。最近许多生态学者及热心于自然保护运动的人们开始对社丛林进行调查，并撰写了不少相关报告。

比如奈良盆地的社丛林，看了菅沼孝之[1]博士的调查报告中第 161 页列出的植物种类表，我们便可以有所了解。

这些植物并非全部都能在一片森林中见到，而是有着不同的组合形

---

[1]　管沼孝之：原奈良女子大学教授，1977 年至今为奈良植物研究会干事长。

式。比如，红楠、赤皮稠林虽说缺少冬青、新生萸叶五加、南烛、羊蹄躅、鸟毛蕨等，却与赤松林混生在一起；而铁冬青、朴树、糙叶树、日本南五味子和日本常春藤这些，虽然可以生在赤皮稠林、栲红豆杉林和青冈栎林里，但在日本扁柏林和枹栎林中却不见踪影。

从原生林的布局条件与构成种类的组合的对应关系可以推断：原始状态的森林环境并不同于肥沃而湿润的盆地底部和周边丘陵及倾斜地，人为加以干扰改变的方式也不同。这个推断的根据是，如果没有人类的干预而令森林自然生长，那么不同植物种类的组成以及森林景观（即生活型社会的外观）也是会发生一定的变化的。这种变化，在生态学中称为"演替"。

这里有一片芒草地，芒草是一种草本植物，喜欢日照良好的环境，它只能进行草本型的生活，所以一旦有赤松种子在这片芒草中落地生根发芽，当赤松长大后，由于被遮住了阳光，芒草也就不能再继续生长。而赤松拥有乔木的生活型特点，所以它能够将芒草遮住，由此赤松林（乔木生活型社会）不会被芒草（草本生活型社会）所覆盖。所以，就算存在生态演替，也是朝着一定方向发展的。

赤松林里如果落进了青冈栎的橡果或栲红豆杉（栲的变种）的种子，便会在几十年的发展中被栎林和栲林所替代。

自然观察入门

　　与栎和栲的幼苗在林下阴暗的环境中也可以生长的喜阴特性不同，赤松的幼苗喜阳，必须在日光充足的条件下才能生长，所以在有喜阴的竞争者存在的情况下，赤松林的后代便很难竞争得胜。赤松和栎、栲虽然有着同样的乔木生活型特性，但它们仍存在一定的生理差异。

　　当山火、火山喷发等自然现象，或者人为的采伐、焚烧等活动使得土地裸露出来的时候，随着年月积累，就会发生"芒草地——赤松林——栎、栲林"，或者说"草原——阳树林——阴树林"的变化，这就是生态学中所说的"演替"。

　　裸露的土地不可能一下子就演替成栎林和栲林，为什么呢？与栎或栲树要依靠滚动的橡子在水平方向慢慢传播扩散不同，芒草和赤松的种子呈翅膀或降落伞状，可以借着风向更远更广的地方传播，两者比起来就像龟兔赛跑。另外，裸地没生出芒草就长成赤松林也是有可能的，但通常很难。这又是为什么呢？因为假如芒草和赤松的种子同时落入裸地，虽然可以同时发芽生长，但赤松想形成乔木生活型社会要经过数十年（就像之前说过的青冈栎一样，树木也有制约条件），而作为草本生活型社会的芒草只需数年便可以首先占据这片裸地。

　　在喜阳的树木下，喜阴树的幼苗正在茁壮成长，期待着霸占这片土地，它们的叶子在夏天就变红了，在秋天刚开始就落叶，提前迎接冬天的到来。

　　在我的学生时代，不可思议的是居然没有关于这些生态学上有名的

奈良盆地社丛林的植物种类构成

（依据菅沼 若林，1974）

A. 乔木（针叶树）

日本扁柏
赤松
日本柳杉

B. 乔木（常绿阔叶树）

赤皮椆
青冈栎
栲
细叶樟
红楠
五爪楠
红叶石楠
冬青
四季青
铁冬青
山茶
杨桐
乌饭树

C. 乔木（落叶阔叶树）

枹栎
朴树
糙叶树
新生黄叶五加
南烛

D. 低木（亚乔木）

柃木
日本女贞
东瀛珊瑚
毛漆树
羊踯躅

E. 藤本植物

日本南五味子
日本常春藤
亚洲络石
菝葜

F. 林床木本及草本植物

紫金牛
朱砂根
蔓虎刺
寒莓
麦冬
青苔竹
求米草
红盖鳞毛蕨
乌毛蕨

在之前没有调查过的橿原市神社中，还有以下种类需要新增：杨梅（B类），榉树、榉榆（C类）。另外，在大阪平原，A类中的黑松非常多；而B类则香樟特别多，除此之外还有厚皮香、石栎、乌冈栎、桃叶灰木、三棱果树参、密花树、羊舌树、小叶交让木、杜英；C类还有合欢、野鸦椿、硬毛冬青；D类还有马醉木、辽东忽木、天仙果。如果以上这些树种的识别方法都掌握了的话，基本可以轻松辨识神社中的树种了。还不试着根据图鉴制作一本有自己独特风格的识别小册子？

理论知识的讲义或课程。当我第一次通过今西锦司博士的《生物社会的论理》知道了这些知识后，在高校做老师时便将这些感受传达给了学生们。毕业后返校的学生说他还记得生物课上，我以学校山上的松林为例向学生们讲解植被演替的场景。

只是作为风景而被忽略的这些植物景观，原来还有如此生动的变化，对谁来说都是令人惊讶的新鲜事吧。

通过对奈良县的社丛林的调查，菅沼博士提出了如图 24 的植物演替过程。

首先，要分清原生的红楠林、赤皮椆林、青冈栎林、栲红豆杉林、日本扁柏林、赤松林、枹栎林，还有人工栽培的日本柳杉林、日本扁柏林的区别。红楠林只在纪之川（吉野川）流域能够见到，在奈良盆地并无分布。奈良盆地能够看到两种不同的演替现象。

赤皮椆林喜欢生长在奈良盆地底部肥沃湿润的以冲积层沉积岩为母岩的土壤中，而栲红豆杉林则喜欢在盆地周边的丘陵与盆地底部相接的倾斜地上扎根，这些地方主要以花岗岩为母岩，深层土壤干燥贫瘠。根据调查结果可以认为，奈良盆地内的原生植被以盆地底部的芦苇群落、小丘陵接点的赤杨林、略高平坦有深层肥沃土壤处的赤皮椆林和丘陵地带栲红豆杉林的共生为格局。

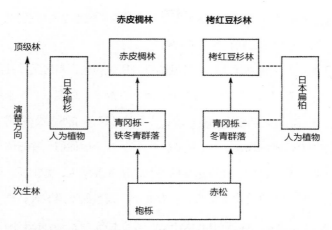

图 24　从奈良盆地社丛林现存植被推测出原生植被的两种演替方式（据菅沼　若林，1974）

以上描绘的便是祖先们最开始在奈良盆地开垦时的植被景观。

现在，人们破坏或改造了这些原生植被，比如将芦苇群落、赤杨林改为水田，将栲红豆杉林开垦成村庄、果园、竹林或日本扁柏林。

（引自菅沼孝之、若林阳子《奈良县的社丛林调查》——《森林》第一期，1974 年）

你们那里的土地上发生过哪些变化呢？

通过神社中的这些原生林来恢复日本的原生植被是有可能的。那么，建造神社与原生林之间有什么关系吗？

正如地图上用鸟居来作为神社的符号所表明的，鸟居是神社的一个象征。进入鸟居后，可以看到玉垣、庭、石狮子、百度石、手水所、功德箱，还有前殿。前殿里面有神殿，许多神社只允许外人最多进到神殿。神殿周围有茂密的树丛，知了在树上叫着。对于信徒们，昏暗的树丛酝酿出一种肃穆的氛围。建设这样的神社的诸多要素中，最本质、最原始的是什么呢？肯定是神体本身，没有哪个神殿里面不摆放神体吧，这想必也是常识。不过，意外中的意外是，据书上说，神最开始并不在社殿，而是在山里、树上、林中，这些才是神最先居住的地方。因此，如果说还保留着古老形态的奈良县樱井市大三轮神社的三轮山是神的居所，那么这个神社中就不会有安置神体的本殿，虽然鸟居在入口处设有面向山体用来跪拜祈求的前殿，但并没有神殿。

如此看来，现在被认为用来制造气氛的神社附属物——社丛，相比鸟居、前殿和神殿，却是日本人原始信仰中最重要、最本质的存在，是神的象征。

正如南方熊楠在反对论述中所说的，社丛林确实给植物学提供了许多重要的数据，对于复原两千年前的景观有重要作用。而作为神的象征，社丛林也是信仰的对象，依赖于人造物的现代人——卖掉社丛林而以相当花费建造豪华的神殿或婚礼殿堂的神主或子民们，就是在卖掉他们的神。

> 为了推动神社合并制度化，以及建立天皇信仰体系，从村社开始作为昭和法西斯出征的士兵（中略）……送别出征的士兵时，早上村社里一边挥舞着太阳旗，一边唱着《送出征士兵歌》已经成为每日必修课，这便是我少年时的历史。

与后藤总一郎有相同经历的一辈人，他们不应该单纯支持神社合并政策，直到最终国家神道化，而对森林的去向漠不关心。如今，人们仍以各种各样的借口继续砍伐神社中的树林，社丛林继续减少的现象最终会给我们带来什么？对那些倡议滥砍滥伐的人，我们总要追问到底。

带有地方色彩的常绿阔叶林带

日本的气候雨水多，温度也不低（还没到寒冷干燥以致森林都形成不了的地步），按常理，森林覆盖率原本应该是很高的。人们为了发展农业不断地砍伐森林，将它们改造成旱田、水田或宅地，城市也随之扩展，与原始状态最接近的植物景观只能残存在社丛林中，所以也只能从社丛林推断出周围土地上的原生植被种类。鸟居就像时光机的大门，我们走进去后，就如同回到了两千年前的那片大地。

　　我推断原始状态下奈良盆地的主要树种应该是赤皮椆和栲红豆杉，纪之川中游则是红楠。根据大场达之①先生尝试恢复关东平原原生植被的结果可以推断出，关东亚黏土层的平地及丘陵地带应该以小叶青冈栎为主要树种。

　　另外，在京阪神②和四国这些多岩石地貌的地方，原生植被应该是青冈栎。

　　构成这些原始林的主要树种有赤皮椆、青冈栎、小叶青冈栎、栲等壳斗科植物，另外，还混生了山茶（山茶科）、红楠、细叶樟、姜子、豹皮樟及香樟等樟科植物。藤本植物则以日本南五味子、亚洲络石、菱叶常春藤、假防己等木质藤本植物为主，而林床上则生长着虎刺。这些植物大多数都是有中小型叶片、叶表面光滑（可以看下山茶的叶子便理解了）的常绿植物，它们一般被叫作照叶木，由此构成的森林则称为照叶林（照叶林中除常绿阔叶木外，还有无患子、食茱萸、枹栎、槭等落叶木，不过它们不能被单独归入某个景观中）。

　　也就是说，日本关东以西的低地平原本来被大片的照叶林所覆盖，这片区域可以统称为照叶林带。日本人的祖先们就是在这片阔叶林带上

———————————

① 　大场达之：植物学者，原千叶县中央博物馆副馆长。
② 　京阪神：对日本京都市、大阪市和神户市的合称，同时也指以这三座城市为中心的大都会区。

图 25　日本（不含冲绳县）的照叶林
带（黑色部分）（据本多青六）

开始定居，并不断开垦发展农业的。（上山春平编《阔叶林文化》中公新

书，1969 年）

气候温暖是形成照叶林的重要条件之一，图 25 中黑色区域就是这片
照叶林带的分布范围。人们开垦这片森林的同时，原生林被同样适应这
种气候的次生林所替代，人们在这里开始种植以水稻为主的经济作物，
而一些适应这种气候的宅旁杂草也开始在这片区域生长开来，所以我们
现在看到的田园风景才会如此雷同。外来入侵的植物被人们接连不断地
引入，最终能够变为归化种的都有相同特点：适应这片区域的气候。第

169

一章里让大家练习去识别名字的野草中，有约 60 种只在图 25 所示的照叶林中分布，原因也是如此。

通过本章前段的思考可知，自然景观变化是在这片照叶林带上进行的，由此带来的结果，从另一方面看又是物种间关系构造改变的一种原因。第二章中讲到的紫云英和蜜蜂的生活，以及物种与物种间的相互关系，便是照叶林带受到人为干扰而产生的结果之一——人类开垦原生林将其变成草原，构建了紫云英与蜜蜂的关系。

现如今，大多数日本人都生活在这片位于代表着照叶林的社丛林后面的、人工草原般的热带稀树草原上。也就是说，不仅与历史变迁相关，即使在当今，照叶林也有着浓厚的精神信仰色彩。比如佛事、神事及节气等活动上用到的植物，目前就多以常绿的照叶木为主，如台湾含笑、杨桐、柃木、交让木、柊树、莽草、金松、日本里白等。这不单是不知缘由而遗留下来的风俗习惯，像万年青、紫金牛还有栎这些照叶木，至今也还是很好的观赏与观察对象。

我的故乡依旧存留着有照叶林点缀的原野风貌，“自然”的因素直到如今仍在塑造着这片土地上长大的这一代人的“精神构造”（用词是否合适姑且不论）。可对我们的孩子来说又如何呢？如今树木接连遭受砍伐，田地上相继建起了住宅，大地已从农村的草原般的景象逐渐变成城市的沙漠风貌了，受到如此塑造的下一代的精神生活，我想必定与我们有所不同吧。

即使说现在这种森林（常绿照叶型原生林——次生林）——草原——沙漠的历史演替或许是人类自身生活发展导致的一种无奈现状，我们也绝不能放任不管，或者产生"就这么着吧"之类的想法，以致声称这一切是不可抗的。什么样的自然环境对健康有好处，我们渴望什么样的自然来塑造内心世界，这难道不是每个人都该思考的问题吗？

我们不用花钱到国外去旅行，在日本国内便能感受到大自然的丰富及风土习惯的差异。在日本北方及高山上，有与照叶林完全不同的林带——以落叶阔叶木为主的青冈林及常绿针叶林等。这类森林内的光照条件和湿度与前者不同，所以生活着完全不同的生物。另外从构造上来讲，青冈林及针叶林中也有类似常绿阔叶林中的沙漠——草原——森林的组合。从"河流的观察"那章开始，我们便思考自然的不同构造，如果将构造河流不同层次的方法应用于这些大的气候带的话，应该如何划分呢？

在旅行或登山的时候，去思考一下这些问题吧。另外，也可以与当地生活的人们交流一下感想和经验。

小贴士

首先，多给孩子们与生物亲身接触的机会，当然，要尽可能选择一些城市中的常见生物，避免过度干扰自然或影响到保护物种。其次，也可以到农村中获取一些材料，这样不仅可以节省费用，还可以让孩子们认识到一些自然环境被人类活动破坏的严重程度。

至于材料，最好按以下顺序让孩子们一步一步地了解：①捕捉、采集，让孩子通过亲身的接触来认识；②观察身体上的细微结构；③正确的鉴定；④尽可能扩大范围，将这个物种和与其相关联的其他生物作为整体来思考它的生存方式；⑤总结这个物种与人类之间存在怎样的关系。

在⑤中，重要的是让孩子们通过考察外来物种的归化、史前归化、引入、逸出、土著、遗存等问题来进一步理解日本生物的自然史。当然，或许初学者对这些并不会太上心，但随着经验的积累，能够分辨并鉴定出更多种类的时候，便会慢慢有探索它们的由来的兴趣了。

虽说之前我以第一章的日本土著蒲公英与西洋蒲公英（图3）、繁缕和赛繁缕，还有第二章的意大利蜂与中华蜜蜂作为伏笔，但要说勾起读者更多的探索欲望，那多少还有些勉强，哪怕在实践活动中，这种引导获得的反响也非常弱。虽然我并不认为这需要强大的心理学和教授技巧，但至少现在，我还很难搞懂如何引导孩子们了解物种的由来和起源。本章后半部分的内容由于我过于性急，多少有些像教材式的讲义，但让我依旧很有自信的是，前文①～⑤的观察顺序是非常重要的，并且在步骤⑤上一定要多加总结。费尽心思讲了这么多，并不是说自然与人类的关系只是过去式，它同样包含当下以及未来自然保护的相关问题。

　　探究森林，对于初学者来讲多少有些困难。在不同的季节观察同一片林子，或许就能找到线索了。

第六章　秋去冬来

蓄水池的周边

　　到了 10 月我们就可以去郊外游玩了，这个时候赤蜻便是我们的观察对象。自然有自然的构造，生活在其中的各种生物也有适应并利用自然的独特生活型，它们的生活受限于其中，不同的生活型社会层叠在一起，或者说相互嵌套，我们可以从中了解到历史的变迁。在这一章，我们的主要目标是通过观察赤蜻，来理解物种多层次利用自然构造的不同

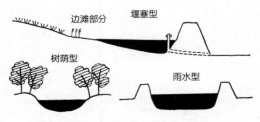

图 26　几种蓄水池的类型（参照图 6）

之处。

　　赤蜻的稚虫（水蛋）生活在水里，比如我们周围最容易见到的那些灌溉用的蓄水池里就常常能看到许多水蛋。

　　打开地图，在丘陵地带或狭小的山谷间延展着一层一层的梯田，这周围会散布着许多大大小小的蓄水池，这便是我们这个月进行野外观察活动的地方啦。沿着田畦边的小路走，尽量寻找水池多的地方。

　　一定要选个秋高气爽无风的日子，因为蜻蜓是变温动物，它们的体温会受到外界环境的影响而发生变化，所以在阴天时很难见到它们活动，越到深秋这种情况就越明显，这个时候它们就会选择太阳能照到的温暖的地方活动。当然，如果举办观察活动的当天偶尔有云朵遮住太阳，时阴时晴，时明时暗，便更容易观察到蜻蜓受天气影响而产生的活动变化，小孩子们还可能大声地说："妈妈，蜻蜓有惧寒症呢！！"

　　收割稻米之时正是年末，刚刚下过雨的田里积满了雨水，被雨水打弯的稻穗像一层层波浪，水洼上面是一片宽阔的泥滩。赤蜻们非常活泼，它们不仅飞舞在水面，也在这片泥滩上，一会儿互相追逐，一会儿抱在一起，停在低矮的松树或枹栎上休息。我们用捕虫网便能捉住它们。

　　但并不用杀死它们，将它的翅膀合并起来放入三角袋中（图27）就可以了，然后继续捉下一只，也这样存放，如果是一样种类的话可以放掉。不过赤蜻的种类繁多，很多不同种类长得都很像，如果拿捏不准的

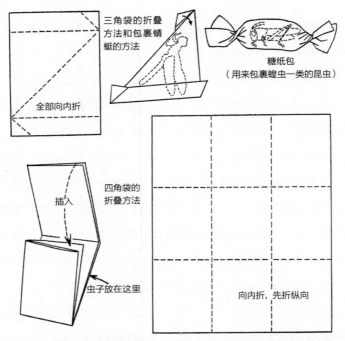

图 27　包裹活虫子的方法。像蝗虫那种爱跳或者力气大的虫子，都可以用四角袋或糖纸来包裹

话，可以先都暂时放进三角袋。抓了一些后，我们便可以弯下腰来看看刚抓到的这些蜻蜓，试着鉴定一下它们的种类吧。结果你会发现，无论你有多么眼尖，都觉得它们是一个种——尝试训练那种对于不同种类区别的敏感和直觉吧，你会发现这是一个非常难的挑战。实际上，根据调

查，即使是同一个地区也有 10 种以上的赤蜻，它们又长得非常相似，如果不依赖好的鉴定手册是很难将它们区分开来的，但如果熟练了，即便不抓住它们，飞翔的时候也能轻易区分开来。只要拥有了像变焦镜头般的慧眼，我们学习了解自然就多了件有力的装备。

认识赤蜻

　　想要学习如何区别不同种类的赤蜻，首先要学会区别同一季节与赤蜻同时出现的其他蜻蜓。赤蜻是对赤蜻属内所有种类的统称，它们在分类上隶属于蜻科。晚秋时节，天空中飞舞的除赤蜻属外，还有黄蜻、灰蜻等其他蜻科的属种，另外还能见到长尾蜓（蜓科）、丝蟌（丝蟌科）等其他科属的种类。

　　首先，从复眼和翅上便可以将它们在科一级的层次上区分开来。左右复眼分开很大、前后翅形状一样的是色蟌或丝蟌（均翅亚目），如果是晚秋时节的话应该是丝蟌科，虽说这个时候还有一些细蟌科的种类苟延残喘，但通过身体颜色便可以进一步区分：丝蟌身体上的许多部分会焕发绿色的金属光泽，而细蟌的身体上没有金属光泽。左右复眼间仅有一条线隔开、前后翅形状（尤其是翅基部）不同的是蜻或蜓（差翅亚目）。蜻和蜓除了体形大小的区别外，前后翅的三角室也不同。另外，蜓科的雌性腹部末端下侧膨大，里面隐藏有锯齿状的产卵管，而蜻科基本没有，即使有也仅仅呈一个小小的棒状。这个时节里一般只能见到长尾蜻类。

其次我们来学习区分蜻科内不同的属。后翅后缘异常宽广的是黄蜻，腹部扁平的是灰蜻，而与以上描述不同的便是赤蜻了。不要通过颜色去区分，颜色并不是可靠的鉴定方法，赤蜻中也有黑色或灰色的，总体来说，赤蜻的体形较黄蜻或灰蜻要小（图 28）。虽说辨别翅脉的走向特征才是最根本的方法，但我们只掌握了以上技巧便足够了。

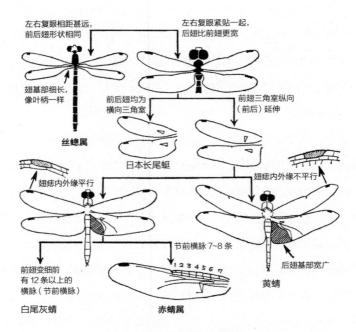

图 28　晚秋时节的蜻蜓检索图

　　再次，我们来学习一下如何区分赤蜻的性别。腹基部（也就是第二腹节）腹面有像夹子一样的突起（抱握器），腹末端上面有两根、下面有一根小镊子状器官的是雄性，没有以上特征的是雌性。雄性腹部末端的那三根小镊子是用来夹住雌性头部的，就像我们平时见到的两只蜻蜓连在一起，像日语片假名キ的样子在空中飞舞。

　　最后，在种的识别上我们要注意观察额上有没有黑纹、胸部的条纹如何、翅的颜色（特别是翅端部是否有黑褐色）以及雄性的腹末端的小镊子是否弯曲、雌性的产卵器形态如何等特征（图 29）。另外，一定要留意胸部的黑色条纹，不同种间的差别很细微，一不小心就有可能鉴定错了。

　　在鉴定完毕并将种名、数量记录之后，就把它们放掉吧。它们的生命力很顽强，即使放在三角袋里很长时间（甚至一天以上）也并不会变得萎气沉沉，马上就能飞回天空。有时候我们还可以在刚刚装过蜻蜓的三角袋中发现 1 毫米左右的小黄粒（有时候是一块儿），甚至有的雌性腹部末端正在排出小黄粒，这是蜻蜓的卵，可以把这些卵粒放到水里，它们很快便散开沉入水底。赤蜻就是因为要产卵才聚集在水边活动的。

　　蜻蜓采取不同的方式产卵，有的两只蜻蜓一边连在一起，后面的雌性一边用尾巴（腹末端）轻轻点水，这个时候卵就被直接产入水中（连接产卵），而有一些蜻蜓则在飞行的过程中尾巴向下弯一下，卵从空中落入水中（打空产卵），还有一些种类，比如有很长产卵管的姬赤蜻，它在靠近水边的泥土上产卵（接泥产卵）。不同种类的赤蜻会选择不同类型的水池或水池不同位置作为产卵场地，产卵方式也不尽相同。掌握不同种的生活习性，对于种的识别鉴定是很有必要的。通过不断的采集、观察和鉴定，我们逐渐形成了对物种的认识，并具备了系统归纳心得和规律的能力。

小组的快乐

暑假里，孩子们抓到巨圆臀大蜓、白尾灰蜻之后可以通过图鉴轻易鉴定出来，但种类繁多的赤蜻则很是棘手。为了让那些到博物馆咨询的父亲们卸下"老师留给孩子们的暑假作业有一项是收集蜻蜓，可是收集完也不知道它们叫什么"的包袱，我在1958年制作了一张图解15种赤蜻的检索图版（图29就是这个图版的第四次修订），受到许多父亲的好评，很多父亲自己也开始对蜻蜓有了兴趣，甚至还有一些抛开孩子不管，暑假结束了还每个周日都举着捕虫网挥来挥去。

还有父亲们说："细蟌好难区分啊！"于是我在1961年又制作了一张图解细蟌类的图版，但雄性画得太大，受限于篇幅便没有画雌性的检索，结果久而久之连我自己都对细蟌的鉴定发愁。

那段时间，我还组建了蜻蜓爱好者的兴趣小组。1962年4月正式举办关西蜻蜓谈话会，由 15 名成员组成，其中只有我一个人是专业的昆虫研究者，其他人有医生，纺织、钢铁或石油的技术工人，我觉得这也是谈话会最终得以形成"学究"氛围的原因。我在里面分配的工作是作出正确的定名以及普及简洁易懂的鉴定方法，于是姑且把大阪附近不易识别的蜻蜓都汇总起来编成了一本大部头，里面有许多图鉴，包括春蜓（1964 年制作，在细节上下了太多功夫，做成了身体的展开图，但图太小了，以失败收场）、蜓和伪蜻·大蜻类（1966 年制作，失败于图片太少）、色螅（1966 年制作，失败于照片过多，而解说文字基本没有）、碧伟蜓类（1968 年制作）等。当然，这些资料都与小组的会员们做了分享。我们的兴趣小组在蜻蜓活动的季节里多次开展采集活动，到了冬天大家围着博物馆里的炭炉一边取暖一边开展这一年的经验交流和讨论会。一直到 1973 年，兴趣小组的会员达到 88 名，发行了 14 号内部杂志，开了 28 次讨论会，采集调查会也举办了 73 次。

在举办这些活动的过程中，我不单告诉大家蜻蜓的名字，还讲授了有关蜻蜓的分布范围、生态习性等方面的大量珍贵资料，大家对蜻蜓的世界有了相当的了解。

至于在博物馆中专门研究昆虫的我，则没有局限于蜻蜓，1960 年和1962 年分别制作了螽斯（1964 年续编）和水黾的识别册子，还试着发表了一些关于蝴蝶等昆虫的观察心得。但发表了这些，在我看来也并没

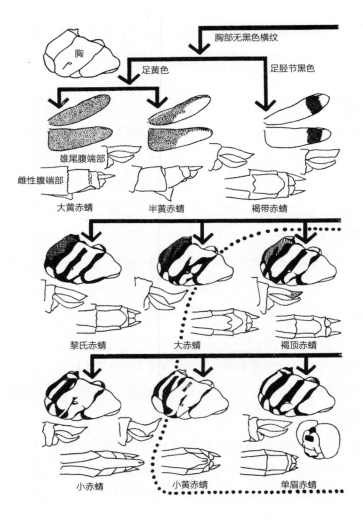

胸部无黑色横纹

胸

足黄色

足胫节黑色

雄尾腹端部

雌性腹端部

大黄赤蜻　　　　　半黄赤蜻　　　　　褐带赤蜻

黎氏赤蜻　　　　　大赤蜻　　　　　褐顶赤蜻

小赤蜻　　　　　小黄赤蜻　　　　　单眉赤蜻

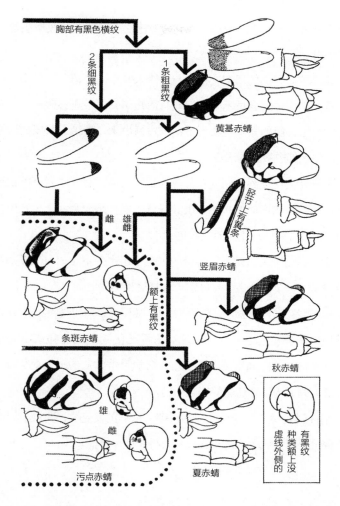

胸部有黑色横纹

2条细黑纹

1条粗黑纹

黄基赤蜻

雌

雄雌

胫节上有黄条

竖眉赤蜻

额上有黑纹

条斑赤蜻

秋赤蜻

雄

雌

污点赤蜻

夏赤蜻

有黑纹
种类额上没
虚线外侧的

图 29 图解检索 15 种赤蜻。注意胸部中间的黑色横纹，单眉赤蜻的老熟雄性胸部会覆盖白粉，黑色条纹消失

有让爱好者的数量有所增加，我觉得原因之一可能就是没有组建相应的兴趣小组吧。

和有相同兴趣的朋友交往是一件令人开心的事情，而且还能获得许多指点。小组中的会员不单传播现有的知识，如果能够形成每个人独立研究的氛围，新的知识点就会不断被发掘出来，带给人很多的惊喜与激动，这便是其中最大的乐趣。

从开始自然观察，到现在总算找到了与自己有共同爱好的伙伴，我建议你赶紧组建你们的兴趣小组。毕竟大家都是业余人士，知识并不丰富，所以需要建立一个相互支撑的组织。

当然，这个关西蜻蜓谈话会的兴趣小组也并不是一帆风顺的。第一个难关发生在全体会员学习区别当地蜻蜓种类的时候，真是一次教训啊。到 1975 年春天，各地会员的资料汇集一起，总结了近畿地方蜻蜓的分布区域和生长季节，发行了一本 53 页的调查报告，但我们仍然想着继续补充一些新的内容。随着活动的进行，蜻蜓种群数量的长期变化以及如何保护等问题成为了今后新的研究课题。

下面对黄蜻和秋赤蜻生活的讲解，依据的便是关西蜻蜓谈话会小组的研究成果以及我个人的一些观察心得。

穿洋越海的黄蜻

　　每年到了盂兰盆节，在田地等一些开阔地面的上空，你是不是见到了许多黄色身体的蜻蜓在悠闲地群飞呢？无论什么时候，它们都一直在空中摇曳，根本没有停下来的意思。当你挥舞着网子意图捕捉时，它们就迅速逃之夭夭，但并不会飞离太远，一会儿就又回到原来的地方。在日本，不同地方对这种蜻蜓有不同的叫法，比如盆蜻蜓等。它们与赤蜻并不是同一属的种类，而是隶属于黄蜻属的黄蜻。

　　黄蜻并不是定居于日本的本土物种，似乎称它们为无法定居的入侵种会更好。它们无法抵御日本冬天的严寒，一到冬天便全都死光。每年7月，都会有大量的黄蜻从南方穿洋越海飞到日本。它们在稻田、游泳池等人工的（季节性水体）临时蓄水池中产卵，生长发育非常迅速，有记录显示它们在盛夏时从卵到羽化只需要35天。经过两三个世代，它们的数量逐渐增多，到了10月又都没了影子，有时会看到它和赤蜻一起飞舞，但那只是苟延残喘的个体。

　　这些黄蜻将热带至亚热带作为自己种族的根据地，采用世代漂泊的生活方式，利用暖温带地区盛夏里温度最高的时期尽可能扩大自己的分布空间，因此它们有更宽的翅膀以及强大的飞行能力，而且稚虫生长速度也很快。

　　那么为什么黄蜻只将卵产在稻田或游泳池这些人工水体内呢？究其

原因，是由于这些季节性的水体中并不存在与黄蜻稚虫相竞争的对手。一些长年都有水存积的水洼中会有蜓科或其他蜻蜓类的水虿，这些水虿对低温的抵抗力很强，它们从秋天到春天一直在生长。当初夏黄蜻在这些水中产卵时，这些水虿已经长得很大了，由于蜻蜓的稚虫都是贪婪的捕食者，谁个头大谁就获胜，所以黄蜻的稚虫怎么也打不赢体形更胜一筹的其他水虿，产在这些有原住民的水体中的黄蜻稚虫也就全被吃光了。

大约数十年前人们才开始修建游泳池，而稻田则从弥生时代就出现了，已经有两千多年的历史。所以说，这些没有原住民的可供黄蜻在夏季进行繁殖的水体，在古代的日本还是相当少的。

从这便可以推断出，黄蜻最开始在日本是随着稻作的发展而逐渐扩大分布范围的。

赤蜻属的生活

和以南方的热带地区为根据地，最北分布到日本的黄蜻相比，赤蜻是一种更适应温带生活的蜻蜓。包括欧洲、北亚、北非在内的北半球大约有 50 种赤蜻，日本列岛共有 20 种，这其中名古屋周边到濑户内海沿岸地区种类最丰富，而大阪周边可以见到 15 种。由于琉球群岛地处热带，夏季过于炎热，所以那里没有赤蜻分布。

不同种类的赤蜻对于产卵场地——也就是养育稚虫的水域——有独

特的偏好，比如条斑赤蜻必须选择在有一定盐度的海水中产卵，如岩礁间的水坑；单眉赤蜻喜欢在水草丰富，而且周边必须有一些大树的深水中产卵；褐带赤蜻选择近山的稻田或潮湿的草原等水流缓慢的地方产卵。

虽然产卵地的偏好不同，但它们的生命周期基本大同小异。秋天产卵，卵大约 30 天后孵化，以稚虫的形态越冬，有个别种类以卵的形态越冬，春天孵化，这种情况下卵的孵化时间可达 200 天。稚虫从初夏开始生长，6 月中旬到 7 月上旬逐渐开始羽化。刚刚羽化的赤蜻身体很柔软，淡黄色，身上带黑纹的种类颜色也还尚浅，翅膀上闪着油光。不过，我们在水池边很少能见到这种样子的赤蜻，因为无论水域大小，它们都会飞到山里的林子去觅食，只有秋天才会再回到水边产卵。这种往返移动的距离在不同种类间也存在差异，像污点赤蜻和小赤蜻差不多有数百米，而秋赤蜻则可达数十千米。

秋赤蜻的避暑旅行

在日本，北海道及东北地区秋赤蜻的数量非常多，而九州地区则较少，可以说，秋赤蜻是赤蜻属中更偏好凉爽的种类。

在盛夏的 8 月，登至海拔 800 米以上，就可以在山顶或山脊上看到大量的赤蜻飞舞，它们的身体并不是红色，而是麦秆般的黄色，这便是秋赤蜻了。而在同一时间里，想在平地上的水池边见到秋赤蜻可是非常难的事情。

从 10 月里在平原的水坑边产卵的红色秋赤蜻，到 8 月在山顶群飞的黄色秋赤蜻，这数十公里的距离便缘于它们的长距离移动习性。秋赤蜻在山中寻找食物，体内的卵成熟、身体呈现出明显红色时，再从山中飞回平原。

在奈良盆地，从每年的 10 月中上旬开始，晴朗的清晨便可以看到两只秋赤蜻连在一起飞，而傍晚时则是单只向水坑多的平原方向飞去，飞行高度在地上 50 厘米到 20 米之间。

在 1974 年 10 月 18 日的观察中，日落前的 15 分钟内我一共见到了557 只秋赤蜻的迁飞活动。

根据这些断断续续的观察，便可以了解秋赤蜻的这种迁飞活动，不过尚有许多未解之谜，比如它们在平原的水池边羽化后到底是如何迁飞到山中的，之后回到出生地的是否为同一个体等。虽说我也尝试过在山中用马克笔在秋赤蜻身上做记号来进行追踪，但没能成功。我想大家也希望多一些这样的观察机会吧。

那么，以寒温带为生活中心的秋赤蜻在盛夏时节飞到山中，在凉爽的 10 月中再回到平原的水池进行繁殖，而稚虫利用 11 月到次年 6 月这段时间的低水温生长发育，从这些方面可以看出，虽然同样具有迁飞的习性，但与黄蜻通过迁飞来扩大自己的范围正相反，黄蜻在迁飞中只买了单程票，而秋赤蜻买了往返票，它们一方面通过避暑旅行来躲避炎热，另一方面依靠耐寒性在日本定居下来。在日本国内发达的稻作和蓄水池等灌溉水系建立之前，应该没有现在这么多种类的赤蜻。换句话说，随着作为稻田开发对象而残存的低地湿地的增多，小赤蜻也好污点赤蜻也好，赤蜻属中这些点状分布数量稀少的种类也多了起来。

可以说，秋赤蜻的种群也是随稻作的发展而不断繁盛起来的。

稻作与生物系

近年来，由于农药的滥用，燕子不再回来，蝗虫和蜻蜓也没了踪影，一系列不好的影响不断显现出来，但直到土壤中的农药残留对母乳的不良影响被发现后，人们才意识到应该减少农药的使用，并降低农药的毒性。大约是 1973 年吧，大家才渐渐感觉赤蜻的数量又开始恢复起来。

以上只是我的个人感觉，并没有确凿的数据支持，因为对于构成最重要自然要素的这些生物的种群数量变化的普查，我们国家还不够重视。而且在种群数量的变化上也有不均等的现象，举例来说，在大阪府分布的这 15 种赤蜻中，只有秋赤蜻的数量在增加，另外 14 种的数量并没有恢复的迹象。

所以说，环境改变会对所有种类的赤蜻种群数量造成影响，而在影响减小后获得恢复机会的只是少部分种类，这样就会降低赤蜻种类的多样性，使某些地区的赤蜻种类单一化。看到一个物种的种群数量有所恢复确实是值得开心的事，但不要只是开心，还要思考很多问题。比如，为什么秋赤蜻的种群数量可以得到恢复，可能是由于它们能够凭借迁飞习性来适应环境吧。

由于具有同样的形态特质而归于赤蜻属的这 20 种赤蜻，各自也有不同的生活习性，这些不同的生活习性让它们在面对人类活动造成的冲击时，有的可能继续繁荣，有的则数量衰减。

一进入 11 月，空气中带着强烈的寒意，秋赤蜻或夏赤蜻停在微弱阳光照射下的土墙、桩子或白色的铁楞板上取暖休息。雌性的身体上那赤红的颜色已经褪去，尾尖还沾着许多泥。一旦温度稍有上升，雌性和雄性便连在一起向田间飞去，忙着在稻作后的人类足迹或车辙形成的小水坑中产卵。

我们肯定会为赤蜻担心，水坑里的水很快便会干涸，它们却在坑里产卵，这岂不是在做无用功？可是赤蜻并不会这么想。那么这些赤蜻真的是在做无用功吗？在以前，稻作之后人们要平整土地，重新修垄，复种小麦或油菜，这样就会使泥土变得干燥，那么产在这些水坑中的卵就会因失去水分而全部死亡。但是现在很少有农民再复种，所以水坑中的水受到雨水的补充，它们的卵可以安全越过冬天。到了春天，卵孵化的时候刚好会下大雨，这样它们便可以顺着雨水回到引水渠中继续生长发育。

　　像这样利用稻田不断繁荣的物种，它们生活的范围非常广泛，以至于我们现在认为它们做的一些毫无意义的行为，实际上最初都有各自的目的。

越冬的虫子们

　　冬天是适合思考的季节，我们每个人都是伟大的哲学家，谁也不能阻止我们自由自在地冥想。作为自然观察者，我们思考和冥想的场所不是厨房、卧室或者工作日的饭桌，而应该是路边、绿篱、河边的树林以及杂木林。别只是运用头脑，让我们用双脚和双眼去思考吧。

　　春天在田野中开着毫不起眼的小花的野草们，现在变成什么样子了呢？夏天的小草们现在又怎样了？藤本植物现在长成什么样了？即便没有花，我们也能根据学到的叶的形态或茎的生长方式把它们辨识出来吧！春夏时见到的那些野草，原来现在是这个样子的，真是变化多端啊！秋天还开着花的那些植物，现在结着完全意想不到的果实，还有一些之前不知道藏在什么地方，甚至连踪迹都没发现的生物也出来活动了。

　　冬天对于生物们是非常严酷的，就连我们人类也会为了过冬，拿出放了很久的旧炉子，穿上毛衣和驼绒裤子，戴上围巾和手套，或者为了争取购置过冬物资所需的"越冬奖金"之类的而外出游行。

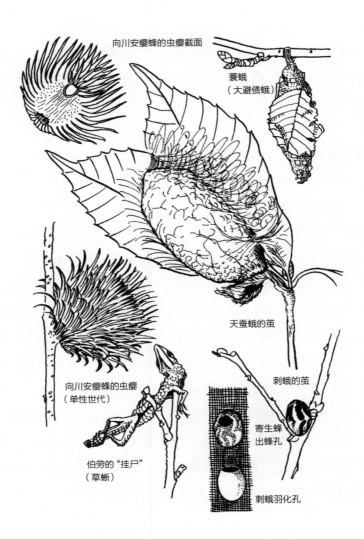

向川安瘿蜂的虫瘿截面

蓑蛾
（大避债蛾）

向川安瘿蜂的虫瘿
（单性世代）

伯劳的"挂尸"
（草蜥）

天蚕蛾的茧

刺蛾的茧

寄生蜂
出蜂孔

刺蛾羽化孔

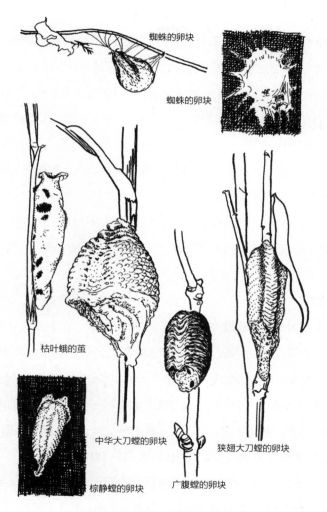

蜘蛛的卵块

蜘蛛的卵块

枯叶蛾的茧

中华大刀螳的卵块

狭翅大刀螳的卵块

棕静螳的卵块

广腹螳的卵块

图30 越冬的虫子们。树干或树枝上的附着物（原尺寸）

日本地处温带，每年必然会有白昼变短、气温转冷的冬季到访，对于栖息在日本的生物来说，想办法度过这漫长的严冬是非常重要的事情，像黄蜻这些没有抵御严寒的装备的生物，只能生活在夏天，一到秋天便死绝了，所以即使长年累月地在日本繁衍，也不能将它们的子孙后代留在这片土地上。

那么，我们为什么不试着探索一下不同种类的生物在越冬问题上究竟都采取了什么样的方法呢？

相比适合散步的那些露天的河滩或空地，不如先从树木林立的地方开始我们的探索脚步，那些积满落叶的树林中格外暖和呢。

螳螂的卵

冬天的山野中最引人注目的便是螳螂的卵块，在举办越冬观察会时孩子们收获最多的也是它。这种卵块外表被干燥的灰褐色泡沫状物质所包裹，大致分为三种类型（图30）：

① 中华大刀螳的卵块：像把橄榄球从中央斜切下来一样的形状，表面凹凸不平，触感柔软，有种硬泡沫的感觉；长约 4 厘米，厚 3 厘米，暗褐色；经常产在青苔竹等一些枝条细长的植物的茎上。

② 狭翅大刀螳的卵块：像鼻涕虫的样子，上面短下面长，摸起来软软的，表面光滑，只有两条纵沟；长约 4 厘米，厚 1.5 厘米，颜色像琦

玉县的特产脆饼那种白色，多见于板壁或加拿大一枝黄花上。

　　③广腹螳的卵块：像将橄榄球沿长轴一切为二一样的形状，表面平滑坚硬，有两条纵沟；长约 3 厘米，厚 1.5 厘米，深褐色，多见于树干或粗枝上。

　　除此之外，在地上的碎瓦片或石头的内侧能发现类似狭翅大刀螳卵块但尺寸略短，长约 2.5 厘米的卵块，这些是棕静螳的卵块。

　　我们试着切开一个中华大刀螳的卵块来观察一下，虽然这样看起来有些残忍。能看到卵块中央排着三列香蕉状的黄色卵，那么一个卵块中有多少卵呢？卵块外部像泡沫一样包裹的是雌螳螂的分泌物。如果用精密仪器测算，可以发现泡沫内外有明显的温差，卵就是在这层泡沫的保护下安全度过严酷冬天的，这可都是雌螳螂努力的结果哟。

　　有没有见过螳螂产卵的场景呢？有些雌螳螂热衷产卵过了头，甚至因为饥饿而死亡时，身体还保持着产卵的姿态，足被已经硬化的泡沫包裹住。这些我们平时所见的残忍捕食者，为了保护自己后代而做出了各种努力，甚至不惜耗尽生命，使我们不禁有所共鸣。

　　在冬季观察会上，最受孩子们关注的便是探究卵块内部的样子了。

　　螳螂在 10 月末至 11 月初产卵，而到了深冬时节，我们有时还能看到它们的尸体挂在树枝上，后面我会讲到这是什么原因。

　　将卵块带回家中，来年春天的某一天便会孵化出许多小螳螂，真是令人惊讶。如果屋子里特别暖和的话，可能会比野外早一个月孵化，这是因为螳螂的卵受到温度影响，低温则抑制它的发育，高温则促进它的发育。成虫在秋天死去后，螳螂全部以卵的形式越冬，所以必须要通过外面的泡沫来保护。而且我们还能发现，卵的外壳非常薄，泡沫不单是为了抵御低温，也是为了防止水分丢失。可以说，螳螂就是以这种"忍耐型"的姿态来越冬的，可见它在确保卵安全过冬方面下了很大功夫。

越冬的蛾子

除了螳螂的卵块外，树枝上还会粘着各种各样的东西，比如杂木林中的树枝上经常能看到天蚕蛾、樟蚕蛾或透目大蚕蛾的茧，尤其是透目大蚕蛾，它的茧呈绿色，特别漂亮。樟蚕的成虫在夏末到秋天的时候羽化，现在茧里则空空如也，只剩蜕下的蛹壳。成虫现在早已死掉了，那么它们是如何过冬的呢？有时候会看到在透目大蚕蛾的空茧里粘着半个赤豆大小的颗粒，这便是它们的卵。与螳螂一样，透目大蚕蛾也是以卵的形态越冬，不过它们并没有在卵的保护上下多少功夫。仔细观察树枝或树干，便可以找到许多这样的卵块。根据排列方式以及形状和颜色，便可以推测出是哪种蛾子的卵。

继续在林子里寻找，可以在柿子或樱花的树枝上找到花纹类似于雀鸟蛋的东西，旧的发白，而新鲜的则有特别的花纹，让人意外的是这并不是蛹，而是刺蛾的茧。那么这个茧中是不是有它的蛹呢？试着把这个茧划开，会发现非常坚硬。

　　刺蛾的幼虫在秋天吐丝做茧，与其他蛾子或蝴蝶不同的是，它们会分泌石灰质的物质将茧丝封住，这可能是为了防止受到寄生蜂等天敌的攻击吧，还能抵御冬天的寒冷与干燥，简直是完美的手段。当然，如果整个茧都是硬邦邦的话，来年蛹羽化成蛾子时便把自己困死在里面了，所以刺蛾幼虫在茧的上端会造一个突出的小盖子，通过很细微的丝将盖子与茧整体连接在一起，找一个往年的白色的旧茧，就能看到这个特征。

　　好不容易把刺蛾的茧打开了，便能看到里面呈黄色的软软的肉虫子了，一定要小心它身上那稀疏的毛刺，一旦碰到皮肤就会让人痛痒难耐。开始我认为这样的幼虫应该都是延迟化蛹的个体，可是直到春天到来又划开一些茧，才发现里面仍然是肉乎乎的虫子，并没有化蛹。

　　众所周知，蛾是完全变态昆虫，一生要经过卵、幼虫、蛹及成虫四个阶段的变态。

　　越冬中的刺蛾正处于幼虫的状态，它已做好化蛹的准备，就等着蜕皮了。（这一时期有个专门的名字叫"预蛹期"，以示与一般幼虫的区别。身体短小的刺蛾在进入末龄幼虫阶段后身上的刺会从表皮脱落，挂在身上）也许我们人类会想，干脆脱皮化蛹的话就能获得蛹壳和外面坚硬的茧的双重保护，这不就更安全了吗？不过，刺蛾的行为与我们的想法毫无关系，它们这种以预蛹方式越冬的行为已经在世代交替中不断发生几万年了。

即使是蛾子，也会因种类不同而以不同的形态越冬，天蚕蛾以卵的形态，刺蛾以预蛹的形态，甘蓝夜蛾和蓑蛾则以幼虫的形态，长喙天蛾以蛹的形态，苎麻夜蛾以成虫的形态。虽说以带壳的卵或蛹的形态来越冬是最好的方式了，但依然有许多种类的蛾子更青睐幼虫和预蛹的形态。

大多数种类的昆虫，在一生中某一个生理阶段都会经历休眠期。进入休眠期后，虫体的新陈代谢速度降低，可以让它安全度过缺少食物或气候严酷的时期。对于昆虫来说，在休眠中越冬是最好的方式，这可以理解为冬眠。所以在入冬前昆虫会依据自己体内的生物钟现状，来确定是否需要准备进入休眠状态。多数情况下，季节变化导致的一天中昼夜长短的变化都会对昆虫的生物钟产生影响。

从表面上看，天蚕蛾类的卵既没用坚硬的外壳或泡沫来包裹，也没有产在泥土中，而是被随意地产在寒风中摇曳的树枝上，但实际上它的卵在内部也发生了生理性休眠，这是我们肉眼看不到的。这样的越冬形式与螳螂的卵块单纯忍耐冬天的寒冷不同，是一种休眠的越冬方式，可以称之为"休眠型"。

虫瘿

除了刚刚讲过的螳螂的卵块和蛾子的茧，另一个引人注目的便是虫瘿了。虫瘿的形态多种多样，我们先划开一个观察一下内部。

以瘿蜂里体形最大的向川安瘿蜂为例，它们的虫瘿在枹栎的细枝上，尤其在刚刚长出的嫩枝上特别多。外表像个长满毛刺的栗子，只不过刺没那么尖，这些长长的刺让虫瘿看起来很大，但里面真正的芯的直径也就1厘米左右。近顶端有一个长卵形的洞，里面有个差不多3×5毫米的洞，这个洞便是制造这些虫瘿的罪魁祸首——向川安瘿蜂幼虫们之前居住过的地方，从这一小点儿被啃食过的地方便能想象出它们的成虫有多大。

向川安瘿蜂的成虫在植物的冬芽上产卵，到了春天新叶开始伸展的时候，冬芽中嫩叶的原基①由于受到瘿蜂产卵的影响而发育异常，从而长出小的虫瘿。在这个小虫瘿中成长的瘿蜂之后再在新梢的嫩芽中产卵，就会长出更大的棘球状的虫瘿。现在看到的这个有孔的虫瘿里已经没有蜂了，虫瘿最终会枯萎变硬。向川安瘿蜂以成虫的形态越冬。大雪纷飞时，不怕冷而眼尖的人也许能在树枝的冬芽上发现正慢悠悠踱步的、仅数毫米大小的瘿蜂成虫产卵的样子呢。

瘿蜂必须在新芽萌动之前将卵产入，所以它们只能选择以成虫的形

---

① 原基：又称始基，植物体中将要发展成一个专一组织、器官或躯体部位的细胞基因。

态越冬。

我知道，根据构田长先生的调查，能够制造虫瘿的瘿蜂的生活史并不是我在这里三言两语能说清的，只是粗略来说，瘿蜂的生物钟就是为了适应冬芽而设计的，相比螳螂的"忍耐型"和蛾子的"休眠型"，瘿蜂则是以极其活跃的"居留型"姿态越冬的。

除了瘿蜂外，在杂木林中飞舞的尺蛾、生活在山谷河流中的石蝇、在山间的稻田中聚集产卵的云斑小鲟和日本林蛙，它们都是以这样的方式度过冬天的。

"挂尸"与伯劳

我们经常能看到树枝上挂着一些尸体，比如什么青蛙啊、蜥蜴啊、草蜥啊、蝗虫啊、蟋蟀啊、螽斯啊、螳螂啊、日本棘竹节虫以及赤蜻之类的。有些已经挂了不知多久，干瘪得都认不出来是什么东西了，有的尸体上的羽毛或脚都掉了，当然还是新鲜的四肢健全的比较多，它们无一例外地被挂在树枝或棘刺上。

在日本江户末期，学者们认为虫子知道自己的死期快到了，便爬到草尖、枝条上等死。而一些善于观察自然的平民则知道这些是伯劳干的好事，所以也常常把它当作民间故事的材料。

"传说，伯劳以前是位鞋匠，收了杜鹃鸟的钱却一直交不出货，杜鹃就声嘶力竭地在树上咕咕叫着催促。于是伯劳便在杜鹃找上门来之前，将青蛙或虫子作为赔礼挂在枝头，然后自己躲起来。"所以日语中人们将伯劳的这种行为称为"提前准备贡品（早赘）"，实际上则表现为一种"挂尸"行为。

被伯劳挂于枝头的猎物多达 230 种，从鱼、蝙蝠、老鼠，到小鸟、蚯蚓和胡蜂的巢，涉及范围非常广。

那么，伯劳到底因为什么才做出这种"挂尸"行为呢？针对这种行为有许多解释，其中一个便是在肉食性动物中普遍存在的"猎杀游戏"的说法。另一个说法是伯劳鸟热衷于捕猎，见到猎物就想捕捉，于是就将捕到的猎物先挂在树枝上。还有一个说法是伯劳没有尖锐的喙，足和爪的力量也不够，所以很难通过足来抓住食物然后进食，所以它们会将猎物先挂在树枝上，然后再用喙将猎物撕成小块吃掉，而一旦有人类或其他天敌靠近时，便舍弃猎物逃之夭夭，由此经常忘掉猎物挂在何处。还有保存食物以及储存食物以备短缺之用的说法，甚至还有说伯劳是靠"挂尸"来进行领地宣示的，就跟遛狗时，狗会通过在电线杆或门前尿尿来标识领地一个意思。

秋天的村落里很容易见到伯劳，它们在公园的树上或村中的柿子树尖休息，发出"咳喊咳喊"的尖叫声。

伯劳的体形比麻雀略大，尾巴很长，喙像钩子一样向下弯曲。

  它们那高亢尖锐的叫声经常被喻为秋天来临的象征而在风景诗中被咏唱。

  根据最近一些鸟类学者的记录，伯劳在日本全国境内都有繁殖。春天的时候在农村一带的低木上筑巢，5月至6月抚育幼鸟，抚育幼鸟的任务由雌雄共同担当，当抚育完幼鸟离巢后，雌鸟和雄鸟各自分开飞回山中，秋天时再返回村落。与秋赤蜻一样，它们在不同季节利用不同的自然环境来繁衍生存。与留鸟或旅鸟不同的是，像伯劳这种因季节而在日本境内做短距离迁徙的鸟被称为漂鸟。不过据说也有一部分伯劳即使盛夏也留在平原不迁徙。

  秋天的时候，雌鸟和雄鸟开始占领自己的领地，发生争斗，然后通过鸣叫来宣示领地，从8月末到11月3日左右达到顶峰，越接近冬天则越难听到它们的这种叫声。伯劳便是通过这种叫声来告诉邻居"不要侵犯我的领地"的。

  伯劳的捕食方法很有意思，它们站在树枝上紧紧盯着地面，一旦发现有活动的东西便马上冲下去将猎物捕获，然后再回到树枝上享用。

  关于"挂尸"行为的问题一直是许多学者研究的重点，虽说最近也有一些研究，但始终没有结果发表。据说，栖息于北美的灰伯劳在猎物丰富的时期经常会有"挂尸"行为，但在食物匮乏的时期则会尽快将猎物吃掉。

根据黑田长久[①]最新的解释，伯劳的食物主要是活的昆虫、青蛙和蜥蜴等，这些猎物在入秋之后数量就会急剧减少，于是开始有"挂尸"行为。"为了确保冬天也有稳定的食物来源"，"在食物特别匮乏的时候，也会捕捉小鸟或拾取植物种子，秋天到冬天对于伯劳明显是食物匮乏的季节"。也就是说，伯劳在秋天里保护自己领地的行为，实际也是为了保证自己的食物来源。而2月底之后食物来源丰富起来，伯劳也进入求偶繁殖期。

伯劳是恒温动物，它们的体温不受外界环境的影响，所以什么都不如食物最重要。当食物匮乏之时，无论是到山里还是村落中都很难填饱肚子，所以它们要守护自己的领地才能撑过冬天。在食物还算丰富的初秋里，将吃剩下的作为干燥食物分散挂在领地范围内各处，在饥饿时可以用来充饥以盼望春天的到来。

在日本山阴地区有一种说法，伯劳可以预测天气，它们如果将猎物挂在比较高的地方，那么今年一定有大雪，而挂在低处则雪量较小。这种说法对不对另当别论，至少通过这个可以看出，民众知道"挂尸"行为对于伯劳的生活有重要意义。

发现伯劳挂在树枝上的猎物时，可以试着记下具体的时间、地点以及猎物的种类和悬挂高度，然后追踪一下看看这些猎物是什么时候消失的。

---

① 　黑田长久（1916—2009）：日本鸟类学者。

外出型

和伯劳在冬天时从山中飞回村落一样，有些动物在冬天从村落中飞回山里。日本低地的南面就是大海，一些动物便穿洋越海到温暖的南国越冬。像伯劳里的红尾伯劳、虎纹伯劳就是这样的类型，它们在秋天时向南方飞去。与"居留型"不同，这种可以称为"外出型"越冬方式。由于需要离开寒冷的地带飞向南方，所以如果不是像鸟、蝙蝠或昆虫这样拥有翅膀的动物，是没办法以"外出型"来越冬的。

蝴蝶中貌似也有些种类在秋天会到人类生活的村落里过冬，比如平时栖息在山中的大绢斑蝶，以及一些有成虫越冬性的蛱蝶科种类等。不过，目前尚不知日本境内有没有从平原地区向南长距离迁飞的昆虫，北美的黑脉金斑蝶会通过长距离迁飞过冬，人们对于它的研究也非常详尽。

植物们的冬天

对于不能像动物一样通过移动来躲避严寒的植物来说，冬天它们的生命会面临严重的威胁。从秋天到冬天，在同样的小路上散步时会发现，与夏天相比无法让人忽视的就是，落叶的树木、枯掉的草与常绿树的区别。

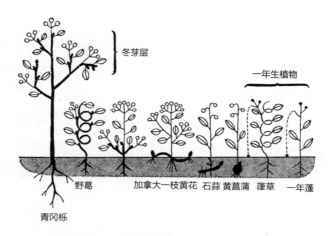

图31　冬芽的位置和植物的生活型（据瑙基耶尔①）

　　常绿树以冬芽（图31）的方式来应对寒冬，是否有冬芽决定了整棵树的形态。一年生的草本植物则分为通过种子来越冬的水稻型和以幼苗越冬的小麦型。

　　除了忍耐严寒外，许多多年生植物，比如海桐、冬青、日本南五味子、紫金年、朱砂根、寒梅等在冬天会结出红彤彤的果实，以招呼鸟儿们前来觅食。鸟儿吃掉这些果实后，把外面的果肉消化掉，消化不了的种子便随着鸟的粪便扩散出去。你一定想象不到，夏日里这些空旷的平地上几乎没有什么鸟儿到来，到了冬天反而多了起来。

① 　瑙基耶尔（Christen Christensen Raunkiær，1860年3月29日—1938年3月11日）：丹麦植物学家，植物生态学的先驱。

可以说，这是植物在利用冬天达到繁殖扩散的目的。

日本的这些生物，动物也好植物也好，它们不仅没有被季节所制约，反而利用季节来达到生存的目的。日本的自然四季分明，如何应对和利用自然对于我们人类来讲也是非常重要的问题。

一直到二三十年前，我们的生活中还有很多的年中仪式或祭祀活动，比如春天的郊游活动便是在经过了一整个漫长冬天，植物开始复苏发芽之际，全家人一起到山里面享受春意。这些风俗习惯都与自然以及季节紧密地联系在一起。

但是，忘了从什么时候开始，一些人不再看重这些老规矩的积极方面，而是质疑它们的合理性与现代性，许多原本存在的风俗被当成陋习而抛弃了。

现在的我们被都市生活所包围而深感疲倦，四处寻找能够充实精神世界的快乐，虽然有商家抓住了这个机会，但那些季节感、仪式、祭祀活动以及风景都失去了原来的魅力。

我们有必要自己去创造欣赏季节轮回和享受自然的新方法。

小贴士

观察赤蜻最适宜的季节是 10 月末，到了 11 月后活动次数就容易被天气左右。捉住的蜻蜓要按照之前教授的纸袋法包裹，不要将它们放到昆虫饲养箱中，否则它们的翅尖容易磨损。如果发现纸袋中有卵，可以先将卵放在水杯中数一数，进而让孩子们思考一下：如果杀死一只雌性蜻蜓，连带可能会扼杀掉多少只后代？冬季野外观察活动尽量选择在南面的向阳处，因为北斜面或山谷间背阴处温度过低，还要提前考虑是否有吃午餐的地方，以及如果有女性朋友参加的话，是否方便如厕（这个不仅限于冬季）等问题。另外，冬季日落很早，一定要合理安排活动日程。

至于与观察越冬习性有关的活动，尽量在 12 月之前进行，因为过了 1 月后秋天残余的痕迹就都消失了。冬天过后可以选择 3 月开始野外观察活动，这个时候可以感受到初春萌芽的气息。

略长的卷尾语

　　温暖的夕阳下，我碰到两个少年在土地神的神社里搅动着草丛，都已经是晚秋时节，银杏果子早就没了，他们在找什么呢？这时，他们从兜里取出了野山茶的种子，并教我怎么用它来制作哨子：先用锉刀从侧面将种子锉开，然后把里面挖空，接着把它贴在嘴边使劲吹，就会发出非常尖锐的声音。但这音色并不悦耳，于是他们想找到能吹出悦耳音色的材料来做哨子。有小伙伴告诉他们，山茶种子做出的哨子音色会更好，而且就在这个氏神院子里便有山茶的种子，可是他们两个并不认识山茶。于是我教他们，树枝端部的树皮裂为三块儿的就是山茶树，从那个上面掉下来的种子肯定就是山茶的种子。掌握到这一技巧后，他们两个马上就学会如何捡到山茶的种子了，一边捡一边高兴地叫着："找到啦！找到啦！"

　　对于我们来说，自然难道不就是像这样平常得不能再平常的事物吗？当然，我们人类自身也被构成自然的这样或那样的事物所围绕，并依赖它们维持生存。为了更好地利用大自然给予的这些恩赐，我们应该学会识别它们，了解它们各自不同的特点，把这些学到的知识与使用技巧一代一代地传承下去，并不断注入更多新的知识和窍门。这些知识并不仅仅为了填饱肚子，还能丰富我们的消遣与娱乐。到我们现在这个年代（20世纪70年代），这种传承虽说越来越少了，但或多或少还在持续着。但是，随着大规模的人口离开乡村到钢铁森林般的城市中生活，这种传承也许很快就要终止了。现在的孩子并不知道什么才是自然，对此，父母们总会感到一种说不出的不安。当然这并没有科学研究上的理论支持，而是出于我自己本能的察觉。每当与大家结伴到郊外游玩时，我会竭尽全力向父母们讲授相关方面的知识，比如在举办观察活动时，我会苦口婆心地告诉大家"竹林里的笋实际就是竹子的孩子"。

像我这种投身于自然科学研究周边工作的人，深深感到不知如何将这些知识传承下去的不安，所以我认为，我担负着将这些知识整理好，并向孩子们传授的责任，以使这些知识有更多机会传承下去。

为了向孩子们传授自然的知识，以及让人们懂得我们的生命深深扎根于自然的道理，首先必须让大人重新认识自然。当然这并不是说，我们要把每个人知道的那点儿涉及面广却不成系统的知识点整合在一起，确立一个统一的自然观，而是要在我们再一次漫步山野之时，重新感知自然的美、精彩与乐趣，用新鲜的视野去审视日本的自然和风土人情。

　　我写的这本小册子到底能对达到这样的目标起多大作用，我自己心里也没底，不过还是绞尽脑汁想出了下面几个要诀：

　　第一，就是要谨慎地对待我们的好奇心。在被某个事物所吸引时，我们很容易掉到两个深坑中：其中一个就是过分执着于某样东西而对周遭视而不见。古人云："逐鹿猎人不见山"，说的就是这个意思。我们有时候仅仅热衷于钓到溪流里的大马哈鱼，而对溪流本身以及大马哈鱼到底是如何繁殖的毫不关心；有时我们被山中的某种漂亮野花吸引，就随意地将它摘下带回家去。另一个与上述正相反，过度地对一切都"感兴趣"，比如说当我们体会到采集标本的乐趣后，就开始收集各种各样的蝴蝶标本。蝴蝶标本收集完了又开始收集蜻蜓标本，接着又开始收集矿物、化石等等，收集的对象无限度扩增，可是除了采集方面的收获，对自然并没有新的认识。这是我看到的在收藏者身上比较常见的两种不良倾向。我并不希望这样的"好事者"越来越多，我希望日益增多的是那些对自然有所思考之人。

　　话虽如此，但是如果不和事物有深入的接触，则很难对它们有深入的了解，而如果对于事物没有执着心的话，就很难抓住它的精髓所在。正如不自己破费就很难分辨古董的真赝一样，我认为仅仅表面上的观察也很难培养出成熟的自然观。这真是让人左右为难啊。

　　第二，就是第一次与自然接触，不应该光用眼睛看用脑袋想，而应多投入到一些比如追逐、揪拔、拨弄、刨挖、敲打之类的与身体有直接接触的活动中。我认为接触自然有两个层面，首先有了生理上的感受，接着才会引起大脑在精神层面的思考。现在自然保护的声势非常高涨，很多自然保护主义者主张将采集标本视为一种犯罪行为。对此，我的个人主张还是多少有些偏差，但并不是说可以随意或毫无限度地采集，而是要对采集对象加以选择。

第三，就是刚刚所讲的选择材料的问题，这也是限定在一些地方的。作为普通人，我们最想了解的肯定不是必须耗费假期与金钱来观察的人迹罕至的高山，而是我们自家或工作周边的，我们祖祖辈辈一直生活的这一片最为熟悉的土地上的自然。

第四，就是要根据季节来选择不同的材料。比如在春天寻找野草、夏天观察溪流里的动物、秋天可以在草丛里找到螽斯等等。当然，有些人可能觉得这些建议是在鼓励大家浅尝辄止，其实，这只是为了引导大家一步一步地、由浅入深地认识自然罢了。

说到生理上的感受，"吃"一定是最令人有所触动的认识自然的方法了。另外，还有许多不同的方法，比如饲养、繁殖等也是很有乐趣的，这些在其他书里多有介绍，这里就不再赘述。

本书所讲的都是一些自然观察的基础知识。我在大阪市自然科学博物馆担任近 16 年的昆虫研究员，除了野外采集和制作标本外，多少也做过一些研究，还开过一些展览会。在遇到市民或孩子们提问的时候，也会作出一些解答。当然，因为馆内设备老旧或展品有限，我也经常带大家到野外做一些实地的科普活动。在最开始的几年，一直在做昆虫采集的活动，并没有考虑过这种活动是否适合普及推广。而当因职位变动而离开这个岗位时，社会上一些自然保护主义风气的逐渐躁动，也迫使我的想法开始有了转变。

我开展过像少年自然教室、亲子自然会、家庭自然观察会等活动，还跟关系比较好的学员们、孩子们、大人们，特别是和妈妈们一起在山野中散步，每次出行都会做一个用于向大家讲授知识的小板子。多年来，既有失败，也有成功。1971 年，我将这些逐年积累下来的资料，汇编成一本适用于一年四季的小册子——《与家人一起进行自然观察》。

从 1974 年起，大阪自然科学博物馆重建并更改了名字，由于这是非常耗费劳力的事情，所以改建这几年科普活动也不得不暂停下来，而这期间我的想法也有了改变。

学校教育是由国家强制统一组织的，而社会教育与终身教育也在校外不断地开展。为了与政府教育体系进行抗衡，各种各样的教育观点层出不穷，包括建立个人及地方的教育体系、实施新的教育方法都是很有必要的。那么，我又能做些什么呢？姑且还是将现有的东西利用起来吧。所以，承中公新书的加纳信雄先生的推荐，我对之前的小册子进行了全面的改编。知道还有许多不完善的地方，希望各位读者多提批评意见。

　　本来，这种工作和朋友一起来做会更好，毕竟一个人的时间与精力都有限。所以，以我个人的能力写的这本书肯定称不上什么完美。

　　在博物馆工作的这 16 年间，我的朋友们，特别是在博物馆担任植物学负责人的濑户刚先生给了我很多的帮助。无论什么时候，无论什么问题，濑户刚先生都耐心地帮我解答，从不会说"现在太忙了稍后再说"这样的话。他不仅对我，对他人亦是如此，即便是牺牲了自己私生活的时间。虽然真的难以效仿，但濑户刚先生这种对待知识普及的态度，对我来说就像一面镜子。我衷心地希望将这本装满敬意与感谢的书奉献给每一位热爱自然的读者朋友。

附录一：检索表

春天里常见草本植物检索表 （限于宅旁阳面地）

花瓣	6枚	5枚	4枚			
	紫，白色	粉色	黄色	白色		白或紫色
花萼	无	5枚	2枚	4枚		筒状，端部5裂
	*	残留	先于花瓣掉落	与花瓣同时掉落		
果实与种子						
茎	直立	匍匐	直立			
	横截面扁平		横截面圆形			
叶的着生方式	互生	对生	交错生长（互生）			
中文名	庭菖蒲	野老鹳草	白屈菜	薄菜	碎米荠	芥菜	小窃衣类
科名	鸢尾科	牻牛儿苗科	罂粟科	十字花科			伞形科

表A　蔷薇–油菜型（离瓣花）。花瓣相互分离，形状相近，呈对称放射状

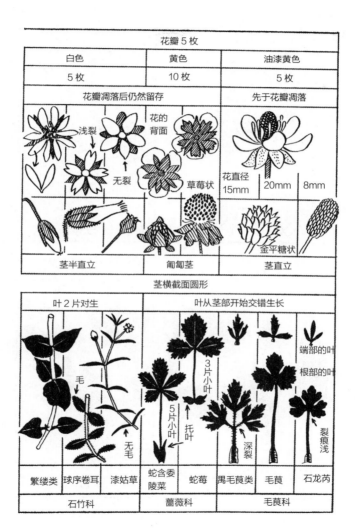

花瓣 5 枚		
白色	黄色	油漆黄色
5 枚	10 枚	5 枚
花瓣凋落后仍然留存		先于花瓣凋落

浅裂　花的背面

无裂　草莓状

花直径 15mm　20mm　8mm

金平糖状

茎半直立	匍匐茎	茎直立

茎横截面圆形	
叶 2 片对生	叶从茎部开始交错生长

毛

无毛

3 片小叶

5 片小叶　托叶

端部的叶

根部的叶

深裂

裂痕浅

繁缕类	球序卷耳	漆姑草	蛇含委陵菜	蛇莓	禺毛茛类	毛茛	石龙芮
石竹科			蔷薇科		毛茛科		

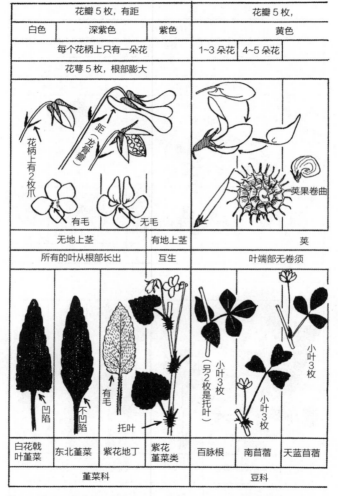

花瓣 5 枚，有距			花瓣 5 枚，	
白色	深紫色	紫色	黄色	
每个花柄上只有一朵花			1~3 朵花	4~5 朵花
花萼 5 枚，根部膨大				
无地上茎		有地上茎	荚	
所有的叶从根部长出		互生	叶端部无卷须	
白花戟叶堇菜	东北堇菜	紫花地丁 / 紫花堇菜类	百脉根	南苜蓿 / 天蓝苜蓿
堇菜科			豆科	

表 B 豌豆 – 堇菜型（蝶形花）。花瓣分离，由不同形状花瓣组成如蝴蝶的样子，左右对称

其中 2 枚紧紧贴在一起成船形。无距						
白色		粉色				
许多花像球形聚焦		轮状	3~8 朵花	1~3 朵花	1~3 朵花	

花萼筒状，端部 5 裂

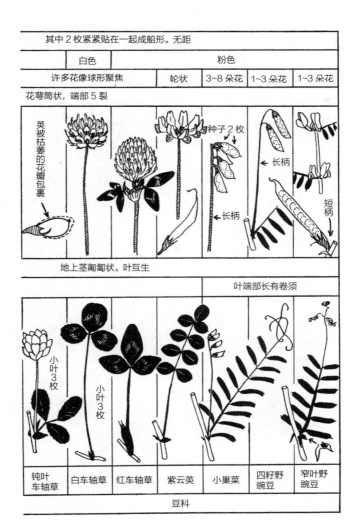

地上茎匍匐状。叶互生 ／ 叶端部长有卷须

钝叶 车轴草	白车轴草	红车轴草	紫云英	小巢菜	四籽野 豌豆	窄叶野 豌豆

豆科

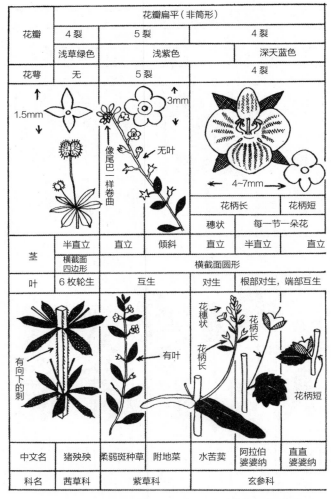

花瓣	花瓣扁平（非筒形）				
花瓣	4 裂	5 裂	4 裂		
	浅草绿色	浅紫色	深天蓝色		
花萼	无	5 裂	4 裂		

			花柄长	花柄短	
			穗状	每一节一朵花	
茎	半直立	直立	倾斜	直立	半直立	直立
	横截面四边形	横截面圆形				
叶	6 枚轮生	互生	对生	根部对生，端部互生	

中文名	猪殃殃	柔弱斑种草	附地菜	水苦荬	阿拉伯婆婆纳	直直婆婆纳
科名	茜草科	紫草科		玄参科		

表 C　喇叭花 – 杜鹃花型（合瓣花）。所有的花瓣在基部围成筒形或星形

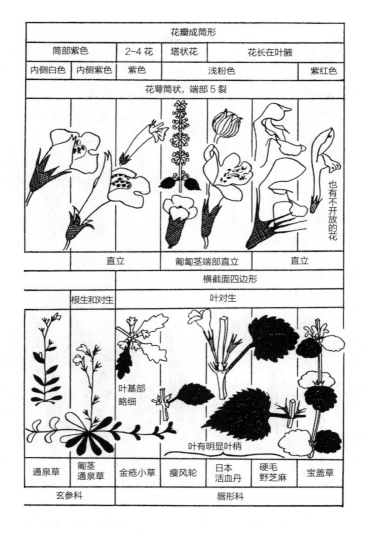

花瓣成筒形						
筒部紫色		2~4 花	塔状花	花长在叶腋		
内侧白色	内侧紫色	紫色		浅粉色		紫红色
花萼筒状，端部 5 裂						
						也有不开放的花
直立		葡匐茎端部直立		直立		
横截面四边形						
根生和对生		叶对生				
		叶基部略细		叶有明显叶柄		
通泉草	葡茎通泉草	金疮小草	瘦风轮	日本活血丹	硬毛野芝麻	宝盖草
玄参科		唇形科				

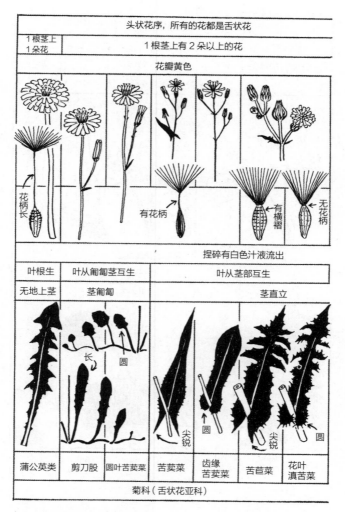

头状花序，所有的花都是舌状花						
1根茎上1朵花	1根茎上有2朵以上的花					
花瓣黄色						
花柄长		有花柄		有横褶	无花柄	
捏碎有白色汁液流出						
叶根生	叶从匍匐茎互生	叶从茎部互生				
无地上茎	茎匍匐	茎直立				
长 圆	尖锐	圆	尖锐	圆		
蒲公英类	剪刀股	圆叶苦荬菜	苦荬菜	齿缘苦荬菜	苦苣菜	花叶滇苦菜
菊科（舌状花亚科）						

表D　蒲公英－菊花型（头状花）。由许多小的合瓣花构成的花簇，表面上看像是一朵花

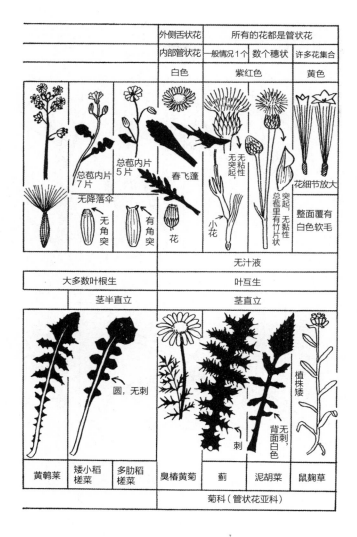

	外侧舌状花	所有的花都是管状花	
	内部管状花	一般情况1个 数个穗状	许多花集合
	白色	紫红色	黄色

总苞内片7片　无降落伞　总苞内片5片　春飞蓬
无角突　有角突　花
无突起性　无粘性　突起，无黏性　总苞里有竹片状
小花
花细节放大　整面覆有白色软毛

无汁液

大多数叶根生	叶互生
茎半直立	茎直立

圆，无刺
刺
无刺，背面白色
植株矮

| 黄鹌菜 | 矮小稻槎菜 | 多肋稻槎菜 | 臭椿黄菊 | 蓟 | 泥胡菜 | 鼠麹草 |

菊科（管状花亚科）

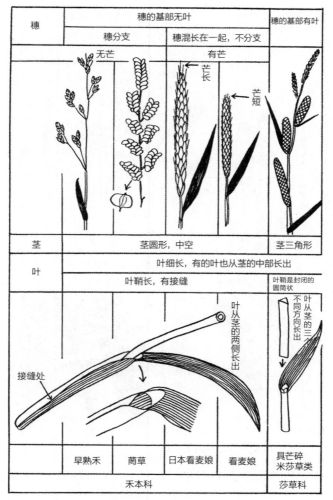

穗	穗的基部无叶				穗的基部有叶
	穗分支		穗混长在一起，不分支		
	无芒		有芒		
			芒长	芒短	
茎	茎圆形，中空				茎三角形
叶	叶细长，有的叶也从茎的中部长出				
	叶鞘长，有接缝				叶鞘是封闭的圆筒状
	接缝处　叶从茎的两侧长出				叶从茎的三个不同方向长出
	早熟禾	茵草	日本看麦娘	看麦娘	具芒碎米莎草类
	禾本科				莎草科

表E　禾本型。无明显的花瓣，花呈穗状

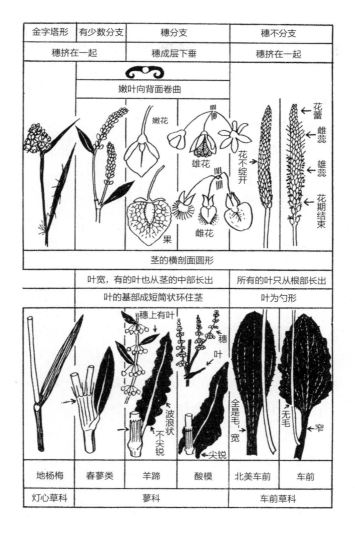

金字塔形	有少数分支	穗分支	穗不分支
穗挤在一起		穗成层下垂	穗挤在一起

嫩叶向背面卷曲

嫩花　雄花　花不绽开　果　雌花

花蕾　雌蕊　雄蕊　花期结束

茎的横剖面圆形

	叶宽，有的叶也从茎的中部长出		所有的叶只从根部长出
	叶的基部成短筒状环住茎		叶为勺形

穗上有叶　穗　叶　波浪状　不尖锐　尖锐　全是毛　宽　无毛　窄

地杨梅	春蓼类	羊蹄	酸模	北美车前	车前
灯心草科	蓼科			车前草科	

附录二：图版目录

译后记

　　历时两年之久的翻译工作终于在 2017 年 6 月完成，译稿呈交给编辑，又经历了一年多的校对修改。如今，刚刚结束川西采集工作、坐在飞驰的高速列车上向家的方向奔去的我，接到了编辑撰写译后记的邀约。于是，脑子里最先闪现出翻译过程中的种种经历，之后便是切身的过往回忆了。

　　从出生到现在，我一直生活在胡同里。如今的胡同与彼时已经判若两个世界：记忆中，小时候最喜欢夏天，可以举着网子追逐雨前低飞的蜻蜓，擎着竹竿去粘树上鸣叫的知了，可以到电线杆或墙角边寻找壁虎，或者索性蹲下来观察蚂蚁搬运食物。而这一切景象，似乎随着北京经济的发展以及日新月异的城市变化逐渐模糊起来，如今的胡同中再难寻觅此番景象，现在的孩童们手中不再有竹竿、虫网，取而代之的是各种电子产品。而童年那些经历早已刻印在我的记忆中，为了追寻记忆，我不远千万里到各地的自然保护区去重新邂逅那些生灵。

2015 年，也恰逢国内自然教育萌发之时，受到后浪出版公司费艳夏编辑的邀请，我欣然接受了这本由日浦勇先生著作的《自然观察入门》的翻译工作。最开始，我以为这本书就像市面上千篇一律的自然教科书一般，无非是教大家如何识花认草，寻虫追兽。等拿到书稿才发现，字里行间无不与童年的记忆相仿，似将我的记忆勾出，重又回到那个人与自然万般和谐的时代。虽然本书内容大都基于日本本国的历史、文化、社会及自然境况，但很多经验教训拿到国内仍大有裨益。

根据自己多年的博物馆工作经验，结合人们对于身边自然万物认知的渴望，日浦勇先生将切身的自然观察融入到实践活动中，力图放慢人们在浮躁的社会中过度追求物质的脚步，提醒他们俯下身子，多去留意常遭忽略的、生活在身边的花鸟鱼虫，并将对自然万物的敬畏传授给下一代。从身边观察自然，在观察中增进对自然的认识，在认识中与自身相遇——这才是人类与自然应有的和谐关系，却正是我们当下所缺失的，就像书中提到的，我们花费大量时间与金钱去追求太过遥远的事物，却总是忽略身边的日常。还好，我发现国内的一些教育机构已经开始重视并开展一些探索周边动植物的科普活动了，这与日浦勇先生组织的自然观察会形式相似，但内容还停留在识名认物的层次，或者更准确地说，只是围绕一个物种本身去认识观察，如若能像日浦勇先生的自然观察活动那样，从单一的物种发散到其他相关物种，并以此为出发点，探究一些与生活息息相关的内容，或许更容易让人们深刻认识并理解自然与我们自身的密切关联。

本书以花、草、虫、鸟等自然生灵为出发点，结合日本本土的历史、人文、风俗与地理，让读者不仅能学会辨识身边这些生物的名字，还可以从中了解它们与人类社会千丝万缕的关系，让读者切身体会到自然与日常生活并非毫不相干，而是息息相关，且无时无刻不在相互影响着。这种关系与影响不仅可以从自然的角度解释我们的一些风俗习惯，也可以立足于人类文化与文明的角度，解释身边万物存在于此的缘由。同时，书中也提到了人类社会活动对环境的影响及污染，这在 20 世纪 70 年代的日本是一个不可避免的发展阶段，而随着社会各界对环境保护及相关教育重视程度的不断增强，日本的自然风土才逐渐得到休养与恢复。那么，对于当下的中国，在经济高速发展的同时，给予自然与生态足够的重视，避免走不必要的弯路，也正变得刻不容缓。

由于本书出版年代较早，文中许多词汇、修辞及语法较陈旧，涉及的日本历史、文化相关内容又非常广泛，所以在翻译过程中，我寻求并得到了许多朋友的支持与帮助，在这里，首先感谢中村彰宏老师、杨兴、王传齐、郭睿在日语文法方面的支持，感谢程瑾、史军、刘冰老师和陈凯云在植物名词翻译上的帮助，感谢袁锋、吴超、陈卓、金宸、麦祖齐、尹子旭在昆虫及鱼类等物种名称翻译上的帮助，感谢胡建彪博士、潘新园博士及赵岩岩在鸟类及生态学术语上的帮助，感谢张劲硕博士在翻译技巧层面的支持。其次，还要感谢后浪出版公司费艳夏编辑、刘冠宇编辑的信任与支持，及其在后续审校过程中的耐心沟通，有了这些帮助与支持，本书中译本才得以最终呈现于大家面前。

　　鉴于本人水平能力有限，书中或许仍有翻译不妥甚至错误之处，恳请各位读者不吝赐教，多提批评与建议，以使本书或有机会再版之时能得到进一步完善。

张小蜂

2018 年 9 月 3 日于回京列车上

图书在版编目（CIP）数据

自然观察入门：认识花鸟虫鱼 /（日）日浦勇著；张小蜂译 . – 成都：
四川文艺出版社，2019.1
　ISBN 978-7-5411-5031-9

　Ⅰ . ①自… Ⅱ . ①日… ②张… Ⅲ . ①自然科学—普及读物 Ⅳ . ① N49

中国版本图书馆 CIP 数据核字 (2018) 第 284191 号

自然観察入門—草木虫魚とのつきあい 日浦勇
SHIZEN KANSATSU NYUMON – SOMOKU CHUGYO TONO TSUKIAI
BY Isamu HIURA
Copyright ©1975 Isamu HIURA
Original Japanese edition published by CHUOKORON–SHINSHA, INC.
ALL rights reserved.
Chinese (in Simplified character only) translation copyright ©2018 by Ginkgo (Beijing) Book Co., Ltd.
Chinese (in Simplified character only) translation rights arranged with CHUOKORON–SHINSHA, INC.
through Bardon–Chinese Media Agency, Taipei.

简体中文版权归属于银杏树下（北京）图书有限责任公司

版权登记号 图进字：21-2019-004

ZIRAN GUANCHA RUMEN: RENSHI HUANIAOCHONGYU
自然观察入门：认识花鸟虫鱼

[日]日浦勇　著

张小蜂　译

选题策划	银杏树下		
出版统筹	吴兴元	编辑统筹	郝明慧
责任编辑	谢雯婷　周 轶	特约编辑	刘冠宇
责任校对	汪 平	装帧制造	墨白空间·肖 雅
营销推广	ONEBOOK		
出版发行	四川文艺出版社（成都市槐树街 2 号）		
网　址	www.scwys.com		
电　话	028-86259287（发行部）　028-86259303（编辑部）		
传　真	028-86259306		

邮购地址	成都市槐树街 2 号四川文艺出版社邮购部 610031		
印　刷	北京天宇万达印刷有限公司		
成品尺寸	150mm×190mm	开　本	24 开
印　张	10	字　数	100 千字
版　次	2019 年 1 月第一版	印　次	2019 年 1 月第一次印刷
书　号	ISBN 978-7-5411-5031-9	定　价	42.00 元

后浪出版咨询(北京)有限责任公司 常年法律顾问：北京大成律师事务所
周天晖 copyright@hinabook.com